百工百衣

——北宋平民男服详考与图绘

黄智高　刘淑丽　著

中国大百科全书出版社

图书在版编目（CIP）数据

百工百衣：北宋平民男服详考与图绘 / 黄智高，刘淑丽著 . —北京：中国大百科全书出版社，2023.9

ISBN 978-7-5202-1406-3

Ⅰ . ①百… Ⅱ . ①黄… ②刘… Ⅲ . ①男服 - 研究 - 中国 - 北宋 Ⅳ . ① TS941.742.411

中国国家版本馆 CIP 数据核字（2023）第 162464 号

出 版 人：刘祚臣
策 划 人：刘 杨
责任编辑：杜晓冉
封面设计：丁 辰
责任印制：邹景峰
出版发行：中国大百科全书出版社
地 址：北京阜成门北大街 17 号
邮政编码：100037
电 话：010-88390718
印 制：北京九天鸿程印刷有限责任公司
字 数：376 千字
印 张：32.25
开 本：710 毫米 ×1000 毫米 1/16
版 次：2023 年 10 月第 1 版
印 次：2024 年 1 月第 2 次印刷
书 号：978-7-5202-1406-3
定 价：138.00 元

序

　　《百工百衣——北宋平民男服详考与图绘》（以下简称《百工百衣》）是一部形式新颖、图文并茂的古代服饰研究专著，书中系统介绍了北宋时期各行业男性服饰式样并以图绘的形式呈现给读者。

　　中国古代服饰研究工作是一个长期受人关注的研究话题，如何弘扬自己国家的服饰文化，展现它的章服之美，现在需要更多喜爱传统服饰研究的学者共同努力，把沈从文先生开创的古代服饰研究事业继续下去，使其得到传承和发展，进一步增强民族自豪感，建立民族自信心。沈从文先生开创了中国古代服饰研究事业，他提倡的服饰研究方法是"以图像为主结合文献进行对比探索、综合分析的方法"。他的研究材料主要分为三种：文献、出土文物、图画，"把史部中的文献和出土的东东西西，和留在图画上的形形式式，三者结合起来看问题，分析判断，才能提得出较新的结论。"

三者中又以实物图像为主。《百工百衣》一书很好地继承了沈先生的研究思路和研究方法。

《百工百衣》依托宋代发达的社会产业和商业往来，以工商人群为核心，通过小人物展现了不同的职业岗位所着服饰各不相同，实现了士、农、工、商、兵、僧、道、相、医、吏、艺、丐等代表性人群职业服饰形象的具体呈现。书中从各行业繁多的男性服饰入手，每个行业服饰均有符合自身行业较为制式化的形象设定。尤其针对男性服饰作为研究的主要内容，更显此书的可贵和稀缺性。书中服饰款式多样，题材丰富，对宋代服饰体系进行了较为完整的释读。面向百工群体形象，结合文献研究每个对象的服饰特点，以图文并茂的独特视角，精选有关北宋服式的高清彩色或黑白照片，另外配有大批原创图绘作品。全书服饰图绘近 300 幅，主要分为"服式结构图""再现式样图"两个部分。这些图绘的种类多样、配置合理、画面灵动、色彩真实，不仅增强了观赏性，而且通过图绘的形式生动再现了北宋"百工百衣"服饰风尚，反映了中产阶层和广大市民阶层朴实的生活场景。这也是本书的最大特色，使读者更有阅读感。可以看出作者在编辑此书过程中查阅了大量相关书籍，为此书完整展现奠定了资料基础。

《百工百衣》强调中华古国有章服之美，更有礼仪之大，使得服饰内容丰富精博，亦使礼仪规制有形可依，就此建构中华衣冠系统。中华古国也被天下四方奉为"衣冠上国"。这也进一步印证了中国历代华服礼制的完整性和延续性，这正是我们需要深入研究的，黄智高、刘淑丽二位作者在这方面进行了很好的尝试。

　　总之,《百工百衣》一书运用了服饰史学、历史学、美术史学的研究方法,结合存世实物考证,比照传世画作、文献记载及其他可参考资料对北宋"百工百衣"男服造型、结构、比例、装饰、工艺等内容进行文献梳理和插图清绘,初步再现了北宋"百工百衣"服饰谱系的构建,是个非常好的开端。

中国社会科学院考古研究所特聘研究员
中国文物学会纺织文物专业委员会会长

2023 年 7 月 15 日

绪论

　　北宋时期，社会经济的发展由农耕核心悄然转向农业与工商业齐头并进且以工商业的繁荣为标志的新形态。在此形势下，士、农、工、商诸行在各类消费与贸易的带动下分化出更多更细的职业岗位，社会管理面临着更复杂的境况，统治者为了强化管制和税赋收缴，主导了行业组织建设，出现了行、会、社、团等以行业类别及性质差异为依据而划分的社团组织，每个组织都被规范了内涵丰富的行业标准，在着装上呈现出"百工百衣"的职业风尚面貌。《东京梦华录》记载："其卖药卖卦，皆具冠带。至于乞丐者，亦有规格。稍似懈怠，众所不容。其士农工商，诸行百户，衣装各有本色，不敢越外。谓如香铺裹香人，即顶帽披背；质库掌事，即着皂衫、角带，不顶帽之类。街市行人，便认得是何色目。"[1] 这种诸行百业衣装各异的生动画面，我们还可以从张

1　[北宋]孟元老：《东京梦华录：精装插图本》，北京：中国画报出版社，2013年，第84页。

择端的风俗画作《清明上河图》（图1-1）中直观地感受。另外，其他北宋服饰风俗的相关画作、文献中也有类似风貌呈现。若纵览细察、细思，其中严谨规范、管理科学的职业服饰系统必会令人惊叹不已。在那个时代怎能有如此高水平的职业化形象掌控呢？不仅其服饰应用的工具化意识先进，其色彩、材质、结构、廓形、工艺等要素的职业化差异设计也十分精微、深妙，外观各有等差且文化内涵丰富，同时职业行为促进效用也很突出，堪称当今职业服饰设计创新发展的典范。

宋人这种超乎以往的规范化职业服饰是发生在作为多数者的平民身上的，这不同于前朝偏重统治阶级着装的职业化管理情况，所以形成了极具规模的、流动而立体的时尚景观，对大范围人文风貌具有决定性的效果影响，可见这对于重视以礼仪活动、宏观氛围教化百姓的宋代来讲是一种十分

图 1-1 "百工百衣"的具象表达（北宋张择端《清明上河图》局部，北京故宫博物院藏）

重要的管理举措。该举措的实施，不只规范了行业、职业形象，促进职业行为的正确发生，还表现在这种格局可以使每个阶层都能隆重登场，有力地平衡了平民中各职业阶层的社会地位，显示了管理层对各个职业阶层的平等重视，折射出平民创造力所受到的充分肯定，展现了各职业类别对社会建设与发展的贡献力。综而观之，宋代市井人文形象得到大力提升，从一个侧面展示了宋代社会的文明水平。宋代统治阶级的着装差异化并不显著

（图 1-2），相比以往更加含蓄内敛，平和素雅、亲民了许多。可见，"百工百衣"中驻留了当权者深刻的平民化观念，平民志趣、平民审美、平民方式等均有呈现。这是一个十分值得关注的人文景象。

再者，"百工百衣"的主体是汉族男性职业服饰，这引出了另一条发人深思的落脚点。相较于女服，男性职业服饰集中反映着男权社会的意识形态，更成为管理者意志表达和社会秩序规范的工具（图 1-3）。所以，平

图 1-2 《宋帝后全身像：宋太祖》（局部，北宋佚名，台北故宫博物院藏）

这是统治阶级的代表宋太祖赵匡胤的公服画像。其着皂色直脚幞头、淡黄色襕袍、红鞓带、皂靴，整体素雅，不施华彩，与百官公服形制接近，只是色、料存有差异，但也属于细微区别。

民职业男服所承载的信息主流性强，更多元、深刻而复杂，研究意义深远。综上所述，"百工百衣"具有较强的宋代社会基因承载性。

基于其不俗的研究意义与价值，不少学者涉足其内容。如尹笑（2006年）、韩天爽（2008年）、孙立（2009年）、张晓璞（2014年）等均在论著中对"百工百衣"风情面貌做出描述，卜向阳（1997年）、李轶南（2003年）等以"百工百衣"现象作为例证撰文评论中国传统服饰中的礼仪性、规范性特征。还有北宋以来的许多笔记、小说等虽未提及"百工百衣"概念，但也涉及平民男服、平民职业等内容。总之，平民身上所浓缩沉淀的中华观念、中华方式和中华元素等经典内容得到了前后多代大量的研究与关注，只是缺乏"百工百衣"专题以及具体的研究。

图 1-3 《十咏图》（局部，北宋张先，北京故宫博物院藏）

　　此局部图展现了处于统治阶层的士大夫和平民阶层的下人（职役）们，其皂白两色着装差异明显。张舜民所著《画墁录》记载其兄因穿着"皂衫纱帽"而被人批评："汝为举子，安得为此下人之服？当为白纻襕系里织带也。"[1]与此图描绘一样，其管理者意志表达明确，将宋代职业服饰价值观做了典型解读。

　　为了探索"百工百衣"的具体风貌、实现方式、管理思想及其艺术文化承载，本研究展开了系列爬梳与考证。在初步探索过程中发现，依据当时的行业分类从传世文献、图像资料中可寻获的服饰形象并不全面、完整，差缺不足较为突出（图1-4），所以有了以图绘研究方法进行补足再现的初衷。再者，传世资料中少有服装工学视角的解读，比如衣长比例、材质与应用技术等内容不足，这使当今学者、

设计师或普通民众对其开展进一步了解和进行传承弘扬都产生了一定障碍。所以，本研究运用了服装学思维，结合存世实物考证，比照传世画作、文献记载及其他可参考资料，联系相关朝代、领域资料，进行反复的可能性推敲，对"百工百衣"风尚面貌做了尝试性形象还原、内容细化和表达放大。

1　上海师范大学古籍整理研究所编:《全宋笔记》第 2 编第 1 册，郑州: 大象出版社，2006 年，第 216 页。

图1-4《渔村小雪图卷》（局部，北宋王诜，北京故宫博物院藏）

很显然，该局部图中渔民所着服饰结构和工艺细节都难以明确，只能通过相关文献和传世文物中类似图像的推敲与再解读获得较为准确的认识。

本研究中所用图绘研究法，是一种以绘画为研究手段，借助出土文物考古报告相关数据并参考写实性画作之具体形态，针对研究对象进行深层解剖研究，力图获得完整的感性与理性信息的研究方法。其应用目的具体有：其一，使本研究在绘画过程中强制性关注款式的样貌细节，从感性到理性，强化对北宋"百工百衣"之男服造型、结构、比例、装饰、工艺等内容的深化认知与理解。其二，在服装史料、社会学、艺术学等文献指导下，使本研究以绘画形式放大、完善北宋"百工百衣"男服造型、结构、比例、装饰、工艺等细节内容，使其

缺失的结构线、轮廓线、装饰局部、工艺特征等细节获得创造性完善，从而更加具象完整。通过该研究手段实施而形成的图绘资料除了具有美术传播功能外，更具服装设计学、工学的内容展现与文化内涵表达功能。其三，借助图绘研究法助力实现"百工百衣"的谱系构建，其中包含构建思想、服饰层级、服饰类别、代表性标识符号、代表款式、当代可有的文化及款式延续点等内容。总之，通过图绘研究法的应用，将融通服装学（工学、设计学等交叉学科）、社会学、历史学、艺术学等学科角度的"百工百衣"多维学术考察，并以唐、五代、元、明前后多代以及同期官民不同阶层的纵横向视角比较，实施必要的细节性考证剖析，深挖其中潜存的民生观念、礼序思想、职业规范、价值理念、人文精神等多层次内涵，最终以黑白线稿与彩色画稿结合、局部与整体搭配、色卡与款式相辅，实现士、农、工、商、兵、僧、道、相、医、吏、艺、丐等代表性人群职业服饰形象的具体再现及其风尚体系释读。需要说明的是，因出土文物、传世图像的变色，其色彩的准确考证存有较大难度，所以在研究中除了应用该朝代的文献描

述佐证外，还会采用前后代文献、图像资料的相类辅助佐证法，以图尽可能接近实际面貌。具体色彩均在同一光源条件下用多类图像进行比照、观测，应用潘通电子色卡标识具体识别结果并予以尝试性还原，因存有主观因素，其结果仅供参考，但基本能反映其色彩概貌。

研究中，"百工百衣"的业别逻辑采用了职业分类，而不是行业分类，其原因是职业分类所指衣装更加直接而具体，而行业分类则会将不同职业性质的形制、风格的衣装混杂在一起，不利于认知和理解。比如同样是士人，其文雅的着装风格基本从一，但所属行业则可以跨越教育业（教师）、科技业（科学家）、信息业（书画家）、娱乐业（音乐家）等；再如兵士，也可能分属于居民服务业（茶酒司、厨司等四司人）、社会保障业（居养院兵卒）、信息传输业（递铺铺兵）等多类行业。其中的兵士和士人都会在信息业中出现，只是职业岗位不同。所以，同一行业类别所用衣装可能会千差万别，而职业类别所对应衣装则较为纯粹。在图绘研究中，职业类别将与行业类别交叉结合进行理解强化，特别在谱系构建中，将重点突出此特点，以便更立体呈现"百工百衣"风尚体系。对于职业形象的判断，将借助《东京梦华录》《宋史》《文献通考》《四库全书》等传世文献中文字记载，比照推敲以《清明上河图》、山西高平开化寺壁画等为核心的系列纪实性画作，以及陶俑、石刻等文物所展示形象的准确性、完整性，尔后结合服装工学思维对其具体形象进行摹写再现，并借助服饰传承中的前后多代形象和相关研究成果再次予以比较、考察，最终确定风貌。同时，将以日本为主体的海外遗存形象、当代影视作品中的类似形象与之比对，强化研究的正确认知。

"百工百衣"是用小人物的职业风情铸就的一朵黄河服饰文明奇葩，独特前卫，雅俗共处，展现了中华"衣冠上国"的不俗侧面，更标志着以工商人群为核心的平民力量的崛起，留给后人无尽的寻味和省思。本研究虽有较广泛涉猎与尽可能细致的考证，但限于能力与眼界，其中所存纰漏差池定会难免，在此谨作抛砖引玉。总之，"百工百衣"中浓郁的人间烟火气息和生动亲切景象所载内容尚需更权威专家、更广大同仁的再品鉴与再研究。

职业服饰风尚

中华古国有服章之美，更有礼仪之大，其相辅相成，使得服饰内容丰富精博，亦使礼仪规制有形可依、复杂多样，中华衣冠系统就此建构，中华古国也被天下四方奉为"衣冠上国"。作为一个系统，中华衣冠数千年来几经演绎，逐步成为中华观念、中华方式和中华元素等经典内容的深厚载体。谈起这个载体系统，更多人不由地会想到统治阶层的锦绣华衣，而其中的重要角色还有平民服饰，特别是前文所述的"百工百衣"职业服饰系统。其风貌呈现正如《东京梦华录》记述："其士农工商，诸行百户，衣装各有本色，不敢越外。"这样的高标准衣装规范使北宋都城汴梁重现中华礼制的盛景，百姓职业各有规格，一片井然，秩序不俗，吸引了国际社会的广泛关注与递次效仿，这样一来便使中华平民服饰与上层阶级服饰一道在海外传播、发展，从而使京城获得了"风俗典礼，四方仰之为师"的美誉。[1] 由此可见，"百工百衣"引领了平民服饰的崛起，充实了"衣冠上国"的内涵。所以，北宋时期的"百工百衣"职业服饰风尚是中华"衣冠上国"的实质性内涵标志。

---

[1]　上海师范大学古籍整理研究所编：《全宋笔记》第8编第5册，郑州：大象出版社，2017年，第5页。

百工百衣

职业服饰风尚

风尚概念

风尚概念

依据《东京梦华录》的描述可以理解，"百工百衣"就是不同的职业岗位所着服饰各不相同，均有较为制式化的形象设定；但联系当时的社会背景和行业管理情境，其不只是形象的各不相同，彼此还墨守一定的风俗规矩，崇尚统一的文化价值和人文精神，相互之间存有一定的联系，这就构成了一种风尚系统。

为了研讨其内涵，厘定其内容，就这个风尚系统，我们需要一个概念推敲。

（一）百工

"百工"的概念早在周代已有，但其范畴只是皇室专属工奴，不能服务于其他官府。最早记载该词汇的是成书于周代的《尚书·商书·说命上》，其述为："高宗梦得说，使百工营求诸野，得诸传岩，作《说命》三篇。"[1] 其中的"百工"指画师。此后，"百工"一词便被延续。战国时期，其范畴已包含各类手工技术人员，即《考工记》记述："审曲面势，以饬五材，以辨民器，谓之百工。"[2]《礼记·王制第五》还记载："凡执技以事上者，祝、史、射、御、医、卜及百工。凡执技以事上者，不贰事，不移官，出乡不与士齿。"[3] 这说明，百工还可以指管理百工的工头，即职位偏低的职官。《论语·子张》还载："百工居肆，以成其事。"[4] 说明先秦时期的百工除了工奴外也包含独立开设工坊的匠人。西汉开始，百工成分日趋多样化，农民、市民、兵卒、刑徒、工奴、独立工匠等均渐入此列。到了宋代，其职业不断分化，到了南宋可达四百余行。《繁胜录》载："京都有四百四十行，略而言之。"[5] 很明显，此时的百工成分已与此前不太一样，士、农、工、商等各阶层被以经济身份为标签细化，并被划入构成复杂的行团组织。"百工"内涵泛化，不只包含专业技术类岗位，而且涵盖了所有与宋代经济生活相关的平民职业，曾有的阶级等第观念基本消失，商人也可以和农民、普通士人一样被平等看待，即"士、农、工、商，各有一业，元不相干……同是一等齐民"[6]。平民阶层不曾涵盖"杂役""伎作"等贱民职业的历史被改写[7]。当然，此时的"贱民"阶层也不复存在。所以，宋代"百工"已等同平民概念。各代百工形象比较见表 2-1。

1　阮元：《十三经注疏（附校勘记）》，北京：中华书局，1980 年，第 174 页。

2　闻人军：《考工记译注》，上海：上海古籍出版社，2008 年，第 1 页。

3　阮元：《十三经注疏（附校勘记）》，北京：中华书局，1980 年，第 1343 页。

4　张燕婴译注：《论语》，北京：中华书局，2006 年，第 138 页。

5　上海师范大学古籍整理研究所编：《全宋笔记》第 8 编第 5 册，郑州：大象出版社，2017 年，第 329 页。

6　陈传席：《陈传席文集》，郑州：河南美术出版社，2001 年，第 1013 页。

7　李青青：《魏晋南北朝工匠身份地位的变化》，《上海文化》，2018 年第 10 期，第 50 页。

表 2-1 历代百工代表性形象比较

图别	图例	说明
先秦	 左至右：1976 年安阳市殷墟妇好墓出土的商代后期玉踞坐人形佩、山西侯马牛村出土的春秋时期男陶范线描图[1]、1975 年三门峡市上村岭出土的战国踞坐人铜灯，其身份应分别为工奴、低职技术官、工奴。	先秦时期，百工成分含各类手工技术者、低职技术官员等，以工奴为主体，且包含独立职业者。
秦汉	 左至右：1965 年陕西咸阳杨家湾兵马俑坑出土的西汉彩绘陶兵马俑（北京故宫博物院藏）、东汉陶执锄持箕俑（成都六一一所汉墓出土）、南阳市出土的东汉"泗水捞鼎"画像砖（局部，河南博物院藏），其身份分别为兵卒、农奴、工奴。	秦汉百工成分已包含农民、市民、兵卒、刑徒、工奴、独立工匠等。
魏晋南北朝	 左至右：三国至魏晋时期画像砖（1972—1973 年甘肃嘉峪关出土）、1958 年河南邓县出土的南朝画像砖（中国国家博物馆藏）、洛阳偃师寨后空心砖厂北魏墓出土的彩绘仪仗男陶俑（洛阳博物馆藏），其身份分别为农奴、奴婢、士卒。	魏晋南北朝时期，百工成分相对秦汉变化不大，主要是农民、市民、刑徒、奴婢、士卒、职业工匠等[2]。

1　沈从文：《中国古代服饰研究》，北京：商务印书馆，2011 年，第 64 页。

2　李青青：《魏晋南北朝工匠身份地位的变化》，《上海文化》，2018 年第 10 期，第 47—48 页。

图别	图例	说明
隋唐	 左至右：1957年陕西西安西郊李静训墓出土的隋代侍从男陶俑[1]（中国国家博物馆藏）、1959年河南安阳张盛墓出土的隋代白陶男仪仗俑（河南博物院藏）、1958年陕西西安杨思勖墓出土的唐代描金石雕武士俑、《明皇幸蜀图》（局部，唐代李昭道，台北故宫博物院藏），身份应分别为侍从、兵卒、护卫、农民。	隋唐时期的百工范畴已有明显的放大，性质也有变化，比如农奴在中唐以后渐从农业庄园脱离而独立为佃农。这为宋代百工的形成和平等存在奠定了基础。
宋代	 上左至右：《山庄图》（局部，北宋李公麟，台北故宫博物院藏）、《耧楼璿耕图》（局部，元代程棨，美国弗利尔美术馆藏。衣制为宋代）、《撵茶图》（局部，南宋刘松年〈传〉，台北故宫博物院藏）；下左至右：《斗浆图》（局部，南宋佚名，黑龙江省博物馆）、《清明上河图》（局部，北宋张择端，北京故宫博物院藏）、山西高平开化寺壁画（局部，北宋郭发）。	宋代行业发展的高峰阶段可有四百余行，百工成分已遍布平民所有阶层，即士、农、工、商、兵、僧、道、医、艺、吏、丐等。

百工百衣   职业服饰风尚   风尚概念

1　该图选自沈从文：《中国古代服饰研究》，北京：商务印书馆，2011年，第291页。

（二）百衣

"百衣"作为独立的概念在早期文献中无可追溯，但可从"百工"衣着的差异化规定感知其丰富的形态。

《全晋文》有"士卒百工，履色无过青绿""百工不得服大绛紫襈、假髻、真珠、珰珥、文犀、玳瑁，越叠以饰路张、乘犊车"等记载[1]，这意味着从魏晋南北朝开始便有"百工"衣着的限定，使之形象不同于统治者。唐代也有"自今以后，衣服下上，各依品秩。上得通下，下不得僭上。仍令有司，严加禁断"[2]等法令，强化了服饰等差，但并无具体的平民服饰差异化记述。而至宋代便有了如前述文献所载的"百衣"惯例。就此变迁比较，可以明确宋代百工服饰的"百衣"格局是最为突出的，超越了前期各朝，达到了平民服饰间差异性秩序构建之顶峰。从表 2-1 中的百工形象比较也可以感受到其历代变迁及宋代百工衣着的多样性。

当代学者丁锡强在其 2008 年出版的著作《中华男装》中对"百工百衣"概念做了诠释："'百工百衣'是对宋代平民百姓服装的统称。'百工'是指普通官宦、绅士、商贩、农民、郎中、胥吏、篙师、缆夫、车夫、船夫、僧人及道士等等。'百衣'是指各种不同样式的服装与服饰，包括穿袍服、穿襕衫、披背子、着短衫等以及梳髻、戴幞头、裹巾子、顶席帽等。"[3]这是一个非常直截了当的解读，令我们对该

1　严可均：《全上古三代秦汉三国六朝文》，北京：中华书局，1958 年，第 2294 页。
2　王溥：《唐会要》第 31 卷，《中国社会科学网》，http://www.cssn.cn/shujvkuxiazai/xueshujingdianku/zhongguojingdian/sb/zsl_14314/thy/201311/t20131120_850496.shtml，2019 年 6 月 25 日。
3　丁锡强：《中华男装》，上海：学林出版社，2008 年，第 118 页。

概念的理解立马清晰。同时也表明"百工百衣"就是宋代的事情，在此之前有萌芽但还未真正形成，此后也有延续，但却有所衰损。

综合以上，本研究认为，宋代"百工"概念已经泛化，其"百工"之"工"应作"专业技术工作"的解释更为合理。这样，其范畴就可以包含低职技术性官吏、专属官府的工奴、独立的职业工匠及其他各类具有专业技术能力的士人、农民、市民、商人、兵卒、僧道、艺人等非常庞大的职业人群，哪怕是乞丐也依乞讨之独特技巧聚集成帮而维持其业。而"百衣"则是各类平民职业在法令、行规规制之下，依据行业差异与职业行为需要以不同制式穿用的服饰。两者概念合而表达了百工则必百衣的职业衣装风貌，即"百工百衣"。此概念并非指称服装款式，而是在表述一种风尚格局与面貌。随此概念理解的深化，我们还可体味宋代社会形成的职业识别秩序，也能感受其职业生态的构建逻辑与所应用的管理哲学。总之，这是一个颇具文化内涵与思想深度的、特色鲜明的职业服饰风貌。

风尚形态

　　"百工百衣"职业服饰风尚的典型形态可从《清明上河图》中探寻。该画作表达内容虽为北宋末年，但其所展现的平民男服款式却是北宋开创以来的稳定形象，直至南宋都没太大变化。这种稳定的面貌可由《东京梦华录》与《梦粱录》类似描述的比较获知。《梦粱录》记载："且如士农工商、诸行百户，衣巾装着皆有等差。香铺人顶帽披背子，质库掌事裹巾着皂衫角带，街市买卖人各有服色头巾，各可辨认是何名目人。"[1] 可见其中香铺人、质库掌事等职业服饰与前述《东京梦华录》"其士农工商，诸行百户，衣装各有本色，不敢越外"的记载相类。

　　自右至左打开《清明上河图》画卷，分别于郊外、汴河、城内闹市等三大部分逐一进行人物形象观察，体力劳动

1　上海师范大学古籍整理研究所编：《全宋笔记》第 8 编第 5 册，郑州：大象出版社，2017 年，第 269 页。

从业者所穿各有特色，各式头巾配以短衣、腰带、长裤、麻鞋等；士人为交领或圆领长衣，头戴各式幞头、巾帻，多腰带，脚穿各式足衣，随性不受束缚；而胥吏作为北宋时期的新型职业化阶层，其穿着被严格规范，多着幞头、圆领窄袖袍、长裤，配腰带、鞋履；商人与前朝不同，其着装各具行业特色，同时也多具文人气质，基本是各式幞头巾裹，不同款式长衣、长裤、腰带，各式足衣；僧道等人的衣着也各具特色。

再细看其描绘，虽简略，但基本

图 2-1　《卖眼药图》（局部，南宋佚名，北京故宫博物院藏）

特征明确。由首服、上衣、腰带、衣摆、下装、足衣、配饰之形制，以及色彩、质料进行观察体味，可明确各行各业均有不同，形象差异明显，能与前述文献描述相对应。

对不同职业的差异性着装表达，其他相关图文资料也多有呈现。如图2-1的《卖眼药图》表现的是杂剧中的不同行业人物形象。其虽为戏剧人物形象，必有不同于现实服饰的夸张表现，但其着装的基本特征和形制要素应源于现实基础，至少表达了眼药

郎中的高冠、宽袍、大袖与击鼓人的普通巾裹、短衣、窄袖之间存在的差异性。

不仅如此，即使是相同或相似行业，在不同条件下其着装也有差异化表现。如表2-2所示《清明上河图》与其他画作的局部形象比较，最底层的体力劳动者，服饰形象均为短打，多头巾、圆领、衣摆提起系于腰间，总体看大致相似，但具体审视可发现其服饰搭配、着装方式的细节仍有不同（见表2-2中分析）。

表 2-2 宋代体力劳动者的同季节衣冠比较

图别	职业	图片与分析	
A	码头脚夫		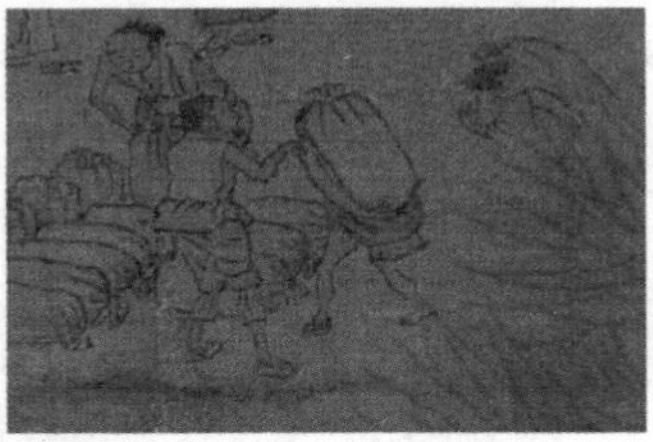 皂色头巾、白色背心、白色缚裤或短裤、草鞋，可见码头搬运粮食的重体力劳动者穿着简易。张择端版《清明上河图》局部。
B	独轮车夫	皂色头巾、白色坎肩，外裹皂色短衫、白色长裤加绑腿、草鞋。职业车夫长途跋涉，需绑腿助力，与图A缚裤效果不同。清明季节所需，外裹短衫途中可衣。张择端版《清明上河图》局部。 	

图别	职业	图片与分析
C	独轮车夫与挑夫	本色草帽、白色圆领开衩窄袖短衣、白色缚裤、草鞋，应为家道中落的官宦所属车夫，与图B独轮车夫不同，缚裤对脚力提升有较大帮助。挑夫着皂色头巾、白色短衣与小口长裤。车夫、挑夫均将衣摆提起系结于腰间。张择端版《清明上河图》局部。
D	汴河船夫	皂色头巾、白色或皂色圆领开衩窄袖短衣（偶有领口散开）、白色小口长裤、白色帛鞋，多将衣摆提起系于腰间，此着装与C图挑夫相似，但足衣不同。张择端版《清明上河图》局部。
E1	民间轿夫	皂色头巾、白色圆领开衩窄袖短衣（右侧轿夫领口散开翻折而同如交领）、白色小口长裤、草鞋，多将衣摆提起系于腰间，与D图船夫及C图挑夫着装相似，与官方轿夫（如E2）不同。张择端版《清明上河图》局部。
E2	官方轿夫	皂色幞头（不同于E1的头巾）、白色圆领开衩窄袖短衣（翻领是解扣后状态）、白色长裤，衣摆多散开下落。此着装相比E1更规范、整洁。北宋李公麟（传）《西岳降灵图卷》（局部，北京故宫博物院藏）。
F	农庄农民	本色草帽、白色交领开衩窄袖短衣，白色犊鼻裈、光脚（利于水田劳作），衣摆系扎于腰后，这是耕作条件下的典型农民着装。元代程棨《摹楼璹耕图》（局部，美国弗利尔美术馆藏）。该图虽为元代作品，但衣制为宋代）。

各行业着装的差异化不仅来自行业约束和自我角色认同，还源于相关法令的规制。《宋史·舆服五》载："端拱二年（989年），诏县镇场务诸色公人并庶人、商贾、伎术、不系官伶人，只许服皂、白衣，铁、角带，不得服紫……幞头巾子，自今高不过二寸五分。"[1] 又载："仁宗天圣三年（1025年），诏：'在京士庶不得衣黑褐地白花衣服并蓝、黄、紫地撮晕花样……'……景祐元年（1034年），诏禁锦背、绣背、遍地密花透背采缎……三年，'臣庶之家，毋得采捕鹿胎制造冠子。'"[2] 由此可知，平民服装的相关配件、色彩、装饰等均有规格限制。平民在很长时期内都被称为"白身""布衣"，这是因为本白色普遍应用于平民（从表2-2中可以总结，同时见图2-2）。虽然宋代多数时候皂白均可用于平民，但皂色还是多有限制的，在宋初时需要特别申请才可能会被准许使用[3]。

图2-2 《渔村小雪图卷》（局部，北宋王诜，北京故宫博物院藏）

该局部图中的渔翁实为宋代文人的闲逸装扮，多为官员寄情山水的一种生活转换方式，所以为平民装扮，多为白色衣装。

1　[元]脱脱:《宋史》第153卷《舆服五》，北京：中华书局，1977年，第3574页。
2　[元]脱脱:《宋史》第153卷《舆服五》，北京：中华书局，1977年，第3575页。
3　沈从文:《中国古代服饰研究》，北京：商务印书馆，2011年，第486页。

经上述例证比较分析，《清明上河图》中的具体平民男服衣着结构、质料、穿着方式、配饰特征得以放大，其弱化礼仪性、强调功能性，相对短窄实用的衣着特征得以明确，也详细表达了北宋的素雅审美格调及和而不同、各有等差的"百工百衣"式样风貌。显然，北宋社会进入实质性的职业差异化时代，士、农、工、商等各阶层开始从事专职事务，以更为专业细分的技能、态度和角色投入社会各层级劳动与管理。其职业界限清晰，规制明确，着装形象也必然差异鲜明，职业风貌成熟。可以说，"百工百衣"风貌深刻昭示了中国平民化社会治理的开端，服饰功能开始从纯粹的政治附庸向生活（多层次消费）主导大跨度进化。

综上所述，差异鲜明而又统一于北宋平民化审美格调的"百工百衣"风貌为当今社会各职业形象的差异化与联系性构建提供了诸多借鉴。

风尚图绘再现

"百工百衣"职业服饰风尚形成于宋代社会发达的产业共进形态，脱离于以往以统治阶级职业服饰为主体的中华衣冠格局，自成一体，几乎成为社会风尚主流，其中蕴含了经济结构、社会思潮、科技发展、人文态度、艺术方式等丰富的社会信息。基于其经济、社会与艺术文化价值，本部分将以《清明上河图》、高平开化寺壁画等北宋传世图像为主要参考对象，根据社会职业构成、行业业态与行为机制，借助出土文物、其他风俗纪实画作、传世文献、相关图像资料以及前人相关研究成果，运用图绘法对士、农、工、商、兵、僧、道、相、吏、医、丐、罪等各职业代表性服饰式样进行探索与还原，放大、细化必要的局部细节，适当配以色卡解读或彩色效果呈现，尽力挖掘其中的材质、结构、工艺、配饰等价值性内容，在纵横向比较、考证中力求准确、完整地阐释以男服为主体的北宋"百工百衣"职业服饰风尚文化与面貌。

　　以下图绘研究内容从社会学、经济学视角对上述职业构成进行了先后次序安排，并联系行业发生机制进行了交叉研究与局部谱系呈现。特别需要说明的是，本研究所述图绘再现对象为代表性较强的北宋宣和、政和年间"百工百衣"风尚，而出于佐证的需要，引用实证资料则来源广泛。

百工百衣

风尚图绘再现

士人

士人

　　进入北宋，当朝统治者面对五代时期形成的分裂局面产生了统一国家、强化中央集权的紧迫感，急需选拔得力干将与治国能手，也急需新的能够强力维护当朝统治的哲学思想体系，从而实施了"扬文抑武"国策，大兴教育，积极展开利于王权维护的哲学思想大讨论与全民教化活动。于是，能顺应这种形势需要的士人群体便大规模走向历史舞台，重用士人成为宋代及其后相当长历史时期内的重要统治举措。此时的士人兴起被称为"白衣秀才平地拔起"[1]，这是因为此时的士人性质已由以往门阀大族血统转换为普通平民归属。就是说，曾经被贵族垄断的科举考试转向了平民大众，他们可以通过科考被录用为官，或被给予特殊权益洒脱自由一生。如此一来，士人不只会为高高在上的阶层，还会进入私塾教育、文体娱乐、信息传输等行业，甚至纵横于市井乡间的商

1　钱穆:《钱宾四先生全集》第23册，台北：联经出版事业股份有限公司，1998年，第280页。

业网络，或隐逸山林而独享清闲。

所以，士人在宋代是一个十分庞大、涉及层面甚广，有着独特社会地位的精英阶层。其职业技艺即以文字应用、文化创意、思想创新来支撑营生或作为统治阶级的智囊，在当朝发挥作用重要。士人阶层走进社会的职业角色方式可以包括儒生、一般士人、处士、儒师、士大夫等类别，因职业处境不同则服饰差异较为突出。

（一） 儒生

儒生包含较为广泛，凡是通过各级科举考试而未授予官职者均为儒生，如秀才、举人、进士均在其中。借前文叙述的"白衣秀才"可知，普通儒生多着白衣。而《宋史》记录南宋士人盛服式样曰："中兴，士大夫之服，大抵因东都之旧，而其后稍变焉。一曰深衣，二曰紫衫，三曰凉衫，四曰帽衫，五曰襕衫……进士则幞头、襕衫、带，处士则幞头、皂衫、带，无官者通用帽子、衫、带；又不能具，则或深衣，或凉衫。"[1]这是几乎各类士人在祭祀、婚礼时的盛服要求，虽式样不一，但宽衫长垂是最具职业属性特征的装束。可见属于儒生的进士所着为幞头襕衫，不同于其他文人之帽衫搭配。这应代表了儒生一族的典型特征，其"大抵因东都之旧，而其后稍变焉"，所以北宋也应相似。《宋史》记载太平兴国七年（982年）时大臣李昉奏曰："近年品官绿袍及举子白襕下皆服紫色，亦请禁之。其私第便服，许紫皂衣、白袍。旧制，庶人服白，今请流外官及贡举人、庶人通许服

---

1 ［元］脱脱：《宋史》第 153 卷《舆服五》，北京：中华书局，1977 年，第 3577—3578 页。

皂。"[1] 尔后宋太宗从之，社会着装实际也应类似其说。可见儒生多着白襕，沿用甚久，且皂白二色在平时生活中应均可用。

对于襕衫，其应起自襕袍。襕袍据传始自北周，唐代时袍下施加横襕则成为定制。五代马缟所撰《中华古今注》卷中载："至贞观年中，左右寻常供奉赐袍，丞相长孙无忌上仪，请于袍上加襕，取象于缘，诏从之。"[2] 袍是一种有夹层、有缘边、袖口收窄的长衣，是秦汉以来官员、士人常用服制，后来成为隋唐至宋明之礼服形制。其下所加襕（"襕"通"栏"）是将整个古式布幅横向拼缝于自膝盖而下的衣摆，取象于衣缘，取义于下裳，整体形态象征了古代的上衣下裳传统形制。衫是一种常穿在常服之外的宽衣，一般无衣缘、袖口、夹层，衣身舒放，取其舒适无拘之功效。其下加襕后，形态则近似襕袍，寓意均为象征衣裳。元代后，"襕袍"也常作为"襕衫"的别称。襕袍、襕衫的色彩依据其穿着者的官职品级而定，士庶则为白襕。

宋代服饰定制实施之后，襕衫虽广泛用于普通文人、士大夫、官员阶层，但具体形制因职业不同而相差不小。官员公服（常服）便是襕衫，《宋史》所载："其制，曲领大袖，下施横襕，束以革带，幞头，乌皮靴。自王公至一命之士，通服之。"[3] 而儒生作为有条件进入官员阶层的平民，其形制应与官员相当，只是色彩、质料及配饰不同。《宋史》对其有详细阐释："襕衫，以白细布为之，圆领大袖，下施横襕为

1　[元]脱脱：《宋史》第 153 卷《舆服五》，北京：中华书局，1977 年，第 3574 页。
2　[唐]苏鹗：《苏氏演义：外三种》，吴启明点校，北京：中华书局，2012 年，第 109 页。
3　[元]脱脱：《宋史》第 153 卷《舆服五》，北京：中华书局，1977 年，第 3561 页。

图3-1 《十王图》之周年都市大王（南宋陆信忠，日本奈良国立博物馆藏）

　　该图左侧两位官员分别着绯与绿色公服，均为前述襕衫形制，其中展脚硬胎幞头是典型的官员首服，不同于儒生之幞头。

裳，腰间有辟积。进士及国子生、州县生服之。"[1]可见其与官服之襕衫形制极为类似（图3-1）。

---

1 ［元］脱脱：《宋史》第153卷《舆服五》，北京：中华书局，1977年，第3579页。

襕衫与士人所着缺胯衫多有相似之处而细节不同，但与之相配的幞头则常有类似（图3-2）。图3-3所着套装更为接近宋代大多时期的儒生穿着的襕衫配幞头的形制，只是其衣身规格多有不同。其中的白襕形制大概如图3-4。从图3-5中的类襕衫形态可见，唐代遗风中的襕衫影响甚广，其中的着装价值观更是适用阶层宽泛，仆役穿着也有类似表达。

图 3-2 《春宴图》（局部，南宋佚名，北京故宫博物院藏）

　　该局部图中下部即第一排座位上的士人所着白衣近似白襕，但实际形制为圆领缺胯衫。不过，其袖相比前代圆领缺胯衫宽大不少，是宋代士人的着装形态特征，与白襕相似，可相较而认知。

百工百衣 —— 风尚图绘再现

士人

图 3-3 《韩熙载夜宴图》(局部，南唐顾闳中，北京故宫博物院藏)

　　该局部图中的着装为南唐文人风格，但其幞头、襕衫制式、腰带式样、衣袖特点等在宋代也有传承，基本相似，而其靴式在宋代普通士人中少见（北宋早期可见）。据此，可试想宋代儒生着装，只是其衣长未至脚踝。

图 3-4 《文苑图》（局部，五代周文矩〈传〉，北京故宫博物院藏）

　　该局部图中的左侧士人所着为翘脚幞头、白色小袖襕衫，腰扎皂色帛带，为宋代白襕的前世形制。

图 3-5 《西岳降灵图卷》（局部，北宋李公麟〈传〉，北京故宫博物院藏）

　　该局部图中的猎人着装承袭唐代（有称此为唐人或唐风图卷），其所着上衣衣摆有类似襕衫的下摆形态，但其并不符合襕衫所应有的"膝襕"特征，所以应为基于面料俭省而做的拼接。据当时社会普遍具有的价值观念揆度，其也应有普通阶层内心关照"襕衫"着装价值的用意内涵。对于承自唐代的襕衫形制，在宋代，其衣袖加宽、衣长加长后多用于儒生。

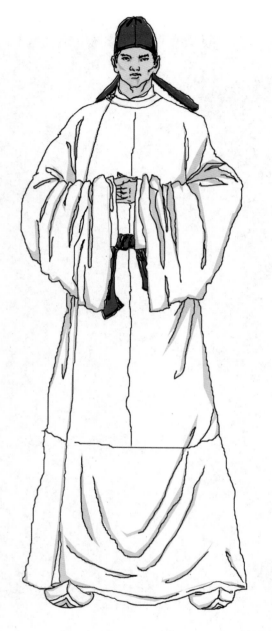

借以上图例考证，儒生襕衫可做如下图绘再现，即图3-6（1），其整体服饰配套的具体形制还可借图3-6（2）加以认知。

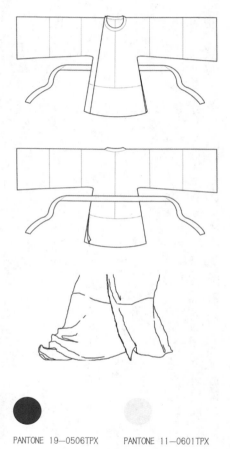

PANTONE 19-0506TPX   PANTONE 11-0601TPX

图3-6（1）儒生白色襕衫图绘再现

此处左图是宋代儒生典型的白色襕衫式样，其搭配内容为：硬脚圆顶漆纱幞头、中袖圆领白色襕衫、小袖白色交领中单、皂色帛带、白色翘头帛履。作为核心代表款式而做了彩色图绘，依据其佐证资料提取了其色彩元素，并以潘通色卡佐以具体标识。因所存实物经年累月而有较大变色，本研究所涉及色彩均又参考存世文献描述和存世彩色图像做了观测和揆度，所作色标为借助潘通电子色卡的多维比对而产生结果，是一种尝试性还原，基本能反映其色彩概貌，但存有主观因素，所以其结果仅供参考。后文所做色彩图示均以潘通色卡做具体标识，其采集过程不再赘述。此处右上图为襕衫平面结构图，右下图为其衣身左侧交叠式开衩结构的着装效果，以支撑相关比例、结构及部件设计的进一步理解，后文图绘依据必要均会给予类似解读。

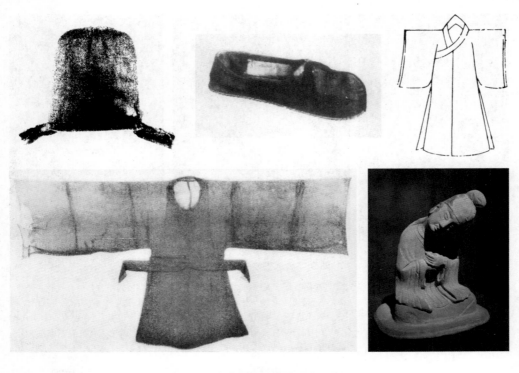

图 3-6（2）儒生白色襕衫佐证图

　　佐证图上左至右：硬脚圆顶漆纱幞头、菱纹绮履、交领中单（《三才图会》记载图例[1]），下左至右：素纱圆领单衫、幞头襕衫（四川灌县宋墓出土的宋代陶聆听俑），为儒生职业外形所备内容。除注明出处的图例外，其他均为江苏金坛南宋太学生周瑀墓出土的文物[2]。佐证图中的两类幞头式样较为特殊，与前述图例不同，可见儒生盛装虽要求着幞头，但其形制却不定，士人幞头的多样性由此可证（还可见图 3-7）。幞头的固定形制应只出现在官帽中[3]。出土报告称周瑀墓的文物出土后色彩"已退变呈驼黄、烟色和棕色等"[4]，其原始色彩不应为彩色，除了幞头为皂色外其他均以素色（白色）为主色。菱纹绮履是一种用菱形纹样的绮制作的履，这是一种较高级的足衣，文人大多会着普通布鞋、线鞋等。交领中单为白色宽衫，此图袖形较大，适用于广袖官服，而儒生可减小，其可用麻、丝制作，形制自汉代以来变化不大。素纱圆领单衫为春夏季所着襕衫，"大阔袖，身长过膝（具体为 132 厘米），前襟交错相掩有四纽袢分别对系于左右肩上及腋下，后襟里面自腰部向下另夹一层。"[5]其腰间两侧有细微的辟积痕迹，并缀缝素纱大带。至于其"腰部向下另夹一层"的外形效果可见图 3-6（1）中的平面结构图和图 3-7 中的中图后摆形象。该襕衫材质并非一般儒生常用的白纻，可见太学生用料相比一般儒生要高级。宋代陶聆听俑表现的应是府县级别的儒生，似乎正持叉手礼恭谨地聆听雅乐奏鸣。其幞头更平民化，为裹头束髻而前系两短脚、后垂两长脚的形制，其襕衫为大袖圆领宽衫式样，腰系帛带，是标准的儒生礼服形象。

1　[明]王圻，王思义：《三才图会》中册，上海：上海古籍出版社，1988 年，第 1508 页。
2　镇江市博物馆：《金坛南宋周瑀墓》，《考古学报》，1977 年第 1 期，图版捌（2）、图版肆（3）、图版捌（3）。
3　沈从文：《中国古代服饰研究》，北京：商务印书馆，2011 年，第 470 页。
4　镇江市博物馆：《金坛南宋周瑀墓》，《考古学报》，1977 年第 1 期，第 117 页。
5　镇江市博物馆：《金坛南宋周瑀墓》，《考古学报》，1977 年第 1 期，第 110 页。

图 3-7 士人着幞头白衫佐证图

　　左至右：南宋佚名《萧翼赚兰亭图》（局部，辽宁省博物馆藏），其士人着幞头、圆领中袖白襕、皂靴、革带，近似前述儒生装扮；南宋梁楷（传）《八高僧图》（局部，上海博物馆藏），该士人着典型唐巾、白色大袖圆领襕衫、革带、线鞋，与前述儒生形象相类；隋代展子虔《游春图》（局部，北京故宫博物院藏），其中士人着皂色幞头（唐巾）、白色窄袖圆领缺胯衫，此着装不同于宋代大袖襕衫，但却能说明幞头白衫是士人典型着装形态。

此外，儒生还有帽衫、衣裳搭配的典型着装，秋冬季也有相应的御寒服饰，可见下列系列图绘再现及其佐证图例（图 3-8~ 图 3-9）。

　　如前文《宋史》所述，士人的盛服"四曰帽衫"，这里的帽衫图绘之图 3-8（1）便是最为典型的一种职业着装，即皂缘交领大袖（其实际型号至多为中袖）白衫搭配系带乌纱巾（为宋代定型类头巾）、绦带（织带）、白裤、练鞋。其他搭配即硬脚漆纱巾（幞头的一种）配皂色交领小袖衫（内着白色交领中单），即该帽衫图绘之图 3-8（2）。这是日常着装，其他文人群体也有穿用。本研究所涉及图绘均依据出土文物考古报告（如南宋周瑀墓、赵伯澐墓等）中的测量尺寸、写实性图像的比例观测与比较等进行，具体可见佐证图、相关考古报告资料（参见中国知网文献）。

图 3-8（1）儒生帽衫图绘　　图 3-8（2）儒生帽衫图绘

图 3-8（3）儒生帽衫佐证图一

　　儒生的交领衫及帽衫搭配形制较为多样，可从其佐证图中查考。上左：南宋周瑀墓出土矩纹纱交领单衫[1]，其材质特征、工艺结构特点较为明确；上右：藏于北京故宫博物院的北宋张择端版《清明上河图》局部，表现了一个举扇遮面的士人，其着皂巾、交领皂衫、大白裤、练鞋；中图：台北故宫博物院藏的北宋李公麟作品《山庄图》局部，表现的是两位着皂巾、皂缘中袖直裰、皂履的士人，是典型的北宋儒生衫配套；下左：美国波士顿美术馆藏的南宋作品《归去来辞书画卷》局部的士人着装，为仙桃形乌纱帽配深青缘边白衫，皂帛带，足衣应为练鞋；下中：上海博物馆藏的南宋作品《迎銮图》表现的士人，其着皂巾、皂缘青灰过膝直裰、皂带、大口白裤、练鞋。可见以上着装均有腰带，是为严谨装束。下右：《三才图会》表现的小袖交领白衫[2]，是广大士人普遍穿用的上衣。

1　镇江市博物馆：《金坛南宋周瑀墓》，《考古学报》，1977 年第 1 期，图版伍（2）。

2　[明]王圻，王思义：《三才图会》中册，上海：上海古籍出版社，1988 年，第 1536 页。

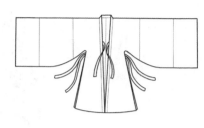

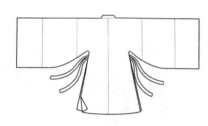

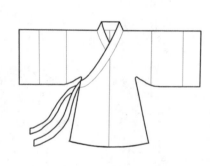

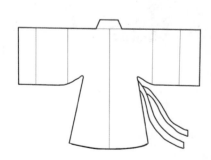

图 3-9（1）儒生帽衫图绘

　　这是宋代儒生典型的帽衫式样，其搭配内容为：硬脚皂色幞头、大袖合领褙子、中袖白色交领中单、大口白裤、白色帛履，主体色彩为皂白二色。着装图右的结构图分别为外衣、中单正背面图，服制结构比例主要依据周瑀墓出土资料确定（后文图绘依据均为如此来源），借此可理解其袖形与衣身比例、结构及系结方式等内容。

图 3-9（2）儒生帽衫图绘

这也是宋代儒生典型的帽衫式样，其搭配内容为：长脚皂巾、窄缘交领小袖白褙子、小袖交领白色中单、大口白裤、白色帛履，主体色彩为皂白二色。图绘之右下图为窄缘交领小袖白褙子的正背面结构图，借此可见其与前述褙子的结构、袖形与衣身比例之不同。服制结构比例主要依据《清明上河图》图像资料确定。

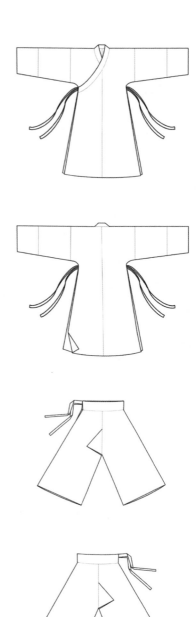

PANTONE 19—0506TPX

PANTONE 16—5904TPX

PANTONE 18—1320TPX

PANTONE 17—1506TPX

PANTONE 11—0601TPX

图 3-9（3）儒生帽衫图绘

　　此处也是宋代儒生典型的帽衫式样，具有突出的国朝代表性，特作彩绘。其搭配内容为：系带偃巾（固定形态）、宽缘交领小袖褙子、小袖交领白色中单、大口白裤、白色帛履。基于其上衣色彩流行的丰富性，其主体色彩可有青灰色、紫褐色、皂色、白色等。彩图右分别为宽缘交领小袖褙子、大口白裤的正背面结构图（其右侧开腰并钉缝系带），其上衣领缘形态、衣身比例与前述褙子也明显不同，裤子的结构也与今天所见有较大差异。此服制结构比例主要依据《清明上河图》图像资料确定。

图 3-9（4）儒生帽衫佐证图二

　　佐证图的上左图是比较具有代表性的深缘素纱合领单衫（也存有衣身同色缘边的单衫）[1]，即较长的一类大袖褙子，衣长为 127 厘米 [2]，其出土自南宋周瑀墓，所适用墓主人身高 152 厘米，应将及脚踝，上右图为一合裆单裤，是着褙子时的标准配置，上衣侧面、底端一般都会露出裤子，所以应配以有裆裤 [3]，以显文雅；下排四个佐证图均来自张择端版《清明上河图》，可以明确看到有皂色长脚幞头、皂巾与各色长褙子的搭配，内着白色长裤，下着练鞋。这些都是春夏季着装内容。

　　　　　　　　　　　　　　　以上三类帽衫搭配是日常穿用形制，洒脱而实用，一般无帛带、革带缠身。儒生服饰除了前述襕衫、帽衫等方式内容外，还有其他形态的着装（见图 3-10）。

1　镇江市博物馆：《金坛南宋周瑀墓》，《考古学报》，1977 年第 1 期，图版陆（4）。

2　镇江市博物馆：《金坛南宋周瑀墓》，《考古学报》，1977 年第 1 期，第 109 页。

3　镇江市博物馆：《金坛南宋周瑀墓》，《考古学报》，1977 年第 1 期，图版陆（2）。

百工百衣

——

风尚图绘再现

——

士人

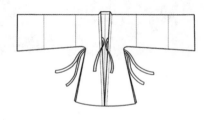

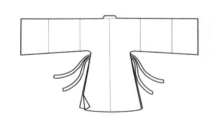

图 3-10（1）儒生其他服饰式样图绘

　　该图绘的搭配内容为：缁巾、中袖合领中长褶子（夹衣）、小袖交领白色长中单、白色裲裳（褶子之内着）、大口白裤、白色帛履，主体色彩为皂色、白色等。右下图所示为中袖合领中长褶子正背面结构图，内容与前述合领褶子的袖形、袖肥、衣身长度有不同。

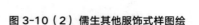

图 3-10（2）儒生其他服饰式样图绘

　　该图绘的搭配内容为：缁巾、小袖合领短褶子（丝绵袄）、小袖交领白色缺胯长中单、白色短绵裳、大口白裤、白色帛履，主体色彩为皂色、白色等。此处所示正背面结构图为图绘之中单所属，其小袖、交领、至足衣长、缺胯结构等与前述图绘中单不同，可对照认知。外衣褶子在袖长、袖肥、衣长等不同于图 3-10（1），但在基本结构上可以对照其理解，再者其围裳即衣长较短的腰裙，形制如后文佐证图，此处均不作图绘说明。

PANTONE 19—0506TPX　　PANTONE 16—5904TPX　　PANTONE 18—0615TPX

PANTONE 18—1320TPX　　PANTONE 17—1506TPX

PANTONE 14—6308TPX　　PANTONE 12—0311TPX　　PANTONE 11—0601TPX

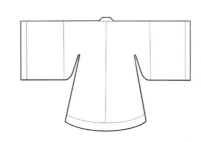

图 3-10（3）儒生其他服饰式样图绘

　　该图绘的搭配内容为：皂纱结带偃巾、大袖交领皂缘直裰（夹衣或绵衣）、小袖交领白色中单、白色丝绵腰裙、大口白裤、白色帛履。其上衣也可以有多种颜色，主体色彩呈现为浅绿、松枝绿、青灰、褐色、皂色、白色等多样化形态，有的彩色是当时的时髦色彩。右下图为大袖交领皂缘直裰的正背面平面结构图，袖形、缘边、衣料剪裁等结构形态不同于前述士人外衣。

以上三类图绘内容是儒生在春秋季、冬季的代表性衣装。

图 3-10（4）儒生其他服饰式样佐证图

佐证图上左：南宋周瑀墓出土的合领夹衫[1]（同时出土的还有同类形制的丝绵袍，应为冬季长衣），其衣长过膝、大袖（依据本研究应属于中袖类别），即春秋季常用褙子，一般会穿在外层，系带后会掩内穿的交领中单和围裳，着装形象类似下左四佐证图（其外穿虽为披风，但形象相近），为闲居交友时常穿。上右：南宋周瑀墓出土的折枝花绮袼裳，为一种短裳，长度仅为 51 厘米，短于礼服之帏裳（也可称围裳）。孔子曰："非帏裳，必杀之。"[2] 即不做礼服就要裁短，既可与褙子相配，也可配交领衣（形象可参考下左一、二佐证图）。中左：南宋周瑀墓出土的丝绵袄，其长度为 78 厘米，应会用于交领衫之外与绵裳搭配居家穿用，也可作为冬季中单穿于长衣之下。中中：南宋周瑀墓出土的缠枝花卉绫丝绵裳，其长 55 厘米，也是短裳，用于冬季。中右：南宋周瑀墓出土的丝绵蔽膝，长 38 厘米，宽 63 厘米，被认为是覆于前身下裳的服饰；但是，蔽膝是常用于贵族礼服上的，相关图证证明南宋士人极少能用到这种服饰，倒是常将此类物件用于后臀部（见下左三图），各季节均有，厚薄不同而已。文人儒雅，前有绅带示为礼，而后臀凸翘显形也非礼，所以需饰以巾帕掩映，可称为腰裙，这应是汉代郑玄所称"先知蔽前，后知蔽后"的后世表达。下排佐证图分别为：南宋刘松年（传）作品《捧琴谢知音图》（局部，美国弗利尔美术馆藏），南宋刘松年（传）作品《携客访友图页》（局部，私人藏），南宋马远（传）作品《西园雅集图》（后两图均为该图局部，纳尔逊·阿特金斯艺术博物馆藏）。

1　镇江市博物馆：《金坛南宋周瑀墓》，《考古学报》，1977 年第 1 期，图版伍（1）。
2　张燕婴译注：《论语》，北京：中华书局，2006 年，第 138 页。

借以上系列图判断，衣裳装在士人的日常生活中极为少见，袍衫则为常制，张择端的《清明上河图》中极少见到着衣裳装者。以此推测，宋人应与当今着装观念一致，除了凉寒季节穿着得层层叠叠复杂一些外，其他以取其便利为主。具体讲，夏季士人着装以长款单衫（襕衫、直裰、褙子等）为主体；春秋季则以夹衣款的襕衫、直裰、褙子等为主体，辅以夹衣之衣裳装；冬季则以丝绵类襕衫、直裰、褙子，以及丝绵类衣裳装为主体，此时衣裳装的多层保暖功能被重视。可想而知，宋代有较好生活条件的人群季节性着装也较为丰富，而贫民则较为单一。有宋一代，士人着装基本相似，只是首服及衣缘形态变化较大。

另外，士人阶层不仅重视外在着装的价值体现，还重视内衣的穿用，其虽然不能像外衣一样直接表达其职业形象，但却能典型诠释内心世界。如图 3-11 所示，上下分别为肚兜（或称抹胸）、袜裤，均为真丝质地，暗示了士人由内而外的文雅崇尚与身份标签的置定。

图 3-11 儒生内衣佐证图

（二）一般士人

　　一般士人主要是指未能以儒生身份参加科举考试，而又常以文化知识类技能从事相关市场活动的文人职业者，即市井文人，帽衫组合是其代表性着装形态（见图 3-12）。

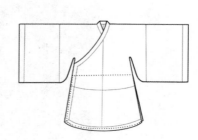

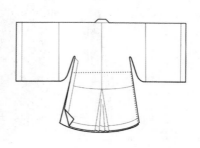

图 3-12（1）一般士人帽衫图绘再现

　　帽衫也是一般士人的主体着装，只是寒冷季节会换作夹衣和丝绵衣。此图绘内容为：硬脚圆顶幞头、皂缘交领左叠摆大袖襕衫、帛带、白色中单、白裤、白履。其右下图为外衣平面结构图的正背面展示，可见其袖形衣身形态特征，而其后身衣摆的缩褶、左侧后交叠摆结构是认知重点。其主体色彩可有多种：褐色、青绿色、褐绿色、皂色、白色等。

PANTONE 19-0506TPX　　PANTONE 16-5904TPX　　PANTONE 18-0615TPX

PANTONE 18-1320TPX　　PANTONE 17-1506TPX　　PANTONE 18-0840TPX

PANTONE 11-0601TPX

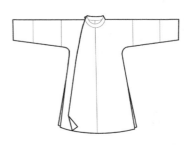

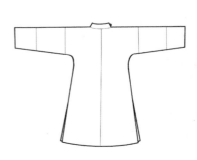

图 3-12（2）一般士人帽衫图绘再现

　　该着装具有鲜明的市井特色，代表了百工文人之普通形象，因此做了彩色图绘。此图绘内容为：皂纱短软脚幞头、圆领小袖缺胯衫、帛带、白色短中单、白裤、白履。其右下图为外衣正背面结构图，是对其缺胯结构形态的基本说明，其中分部比例、结构可以比较前文士人多种外衣结构图进行认知。其上衣色彩也较丰富，主体色彩有褐色、青绿色、褐绿色、黄褐色、皂色、白色等，前四类为当时的流行色。可见，士人除了前述白襕外，其他服制可有多种色彩。

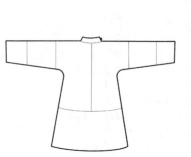

图3-12（3）一般士人帽衫图绘再现

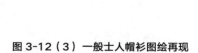

　　此图绘内容为：皂纱系带偃巾、圆领小袖白襕、白色帛带、白色短中单、白色小口裤、白色线履。为市井常见普通士人着装。从其右下正背面结构图可见这种小袖襕衫的工学特征，小袖、短衣（中长）、帛带外备，既是对士人精神的传承，又具备较为便捷的实用功能。

图 3-12（4）一般士人帽衫佐证图

　　佐证图之上左：南宋马远（传）作品《蹴鞠图》（局部，美国克利夫兰艺术博物馆藏），士人着鲜艳的水蓝色圆顶硬脚幞头、皂缘浅灰绿交领襕衫、白裤白履，应为宋代文体娱乐业中的士人角色（其色彩真面貌有待依据文献记载进一步推敲考证）。《武林旧事》记载南宋该行业状况曰："二月八日，为桐川张王生辰，霍山行宫朝拜极盛，百戏竞集。如绯绿社（杂剧）、齐云社（蹴毬）、遏云社（唱赚）、同文社（耍词）、角觝社（相扑）、清音社（清乐）、锦标社（射弩）、锦体社（花绣）、英略社（使棒）、雄辩社（小说）、翠锦社（行院）、绘革社（影戏）、净发社（梳剃）、律华社（吟叫）、云机社（撮弄），而七宝、灊马二会为最。"[1]其中相关行业组织的发展之盛离不开文人的参与促进。其圆顶幞头应与图 3-6（2）出土物相类。上中：与其右图及下排三图均为北宋张择端作品《清明上河图》（局部，北京故宫博物院藏），该图为其中孙羊正店门前相互作揖礼的文人，均着皂色偃巾、皂褐色圆领小袖缺胯衫、白裤白履。上右：为在内城外斜街围观占卜的士人，其中白衫者为偃巾配白色圆领缺胯衫，褐衫者则为皂色束髻裹巾配褐色圆领缺胯衫，两者均白裤白履。下左：此为汴河岸边的一位士人，着皂色短软脚幞头（短巾脚系结于脑后）、褐色圆领缺胯衫、白裤白履，可能为在基层从事文职工作的士人。下中：该局部有一白衣士人，似乎怀抱一婴儿，其着皂色偃巾、小袖圆领缺胯白衫、阔口白裤、白履，不同于前述白衫士人。下右：一士人着皂色偃巾、白色小袖圆领襕衫、大口白裤、白履。其中所述偃巾即图 3-8（3）中《山庄图》局部的士人巾式。北宋王得臣所撰《麈史》记载："近年如藤巾、草巾俱废，止以漆纱为之，谓之纱巾，而粘纱亦不复作矣。其巾之样始作前屈。谓之敛巾，久之，作微敛而已。后为稍直者又变而后抑，谓之偃巾。已而，又为直巾者……下差狭而中大者，谓之梭巾。今乃制为平直巾矣。其两脚始则全狭后而长，稍变又阔而短。今长短阔狭仅得中矣。"[2]可见士人头巾的流行性之强及其不同阶段变化之大。此处佐证图中的士人均为一定职业者，都扎腰带，以示通勤。

1　上海师范大学古籍整理研究所编：《全宋笔记》第 8 编第 2 册，郑州：大象出版社，2017 年，第 40 页。
2　上海师范大学古籍整理研究所编：《全宋笔记》第 1 编第 10 册，郑州：大象出版社，2003 年，第 13 页。

上述一般士人群体在社会各行业中分布极为广泛，有的从事书画摹写、复制、印刷、出版等信息服务类行业，有的则在科学技术性社团、民间私营工坊等机构从事研究工作，有的还在私塾等教育机构从事教育或协助从事教育科研工作，还有的则在街头市井或瓦子勾栏卖弄文采、作词谱曲赚取生活开支。士人虽参与行业多有不同，但其着装均如以上所表述。其防寒类衣物也多丝绵、夹衣类，款式也多如交领、圆领类直裰，小袖襕衫，交领、合领褙子配裳或裤等，比一般百姓的生活条件好一些。

（三）处士

此处所说的处士是指德才兼备但其志趣与当朝不合而不愿做官、隐居乡野的人，属于高级平民；但此概念也有泛化的一面，可泛指其他不为官的士人，即包括上述一般士人和在野士大夫。因一般士人和士大夫分别有着突出的个性化着装特征，所以予以单列。处士的代表性着装常为大袖直裰、皂缘襕衫、衣裳装等（见图 3-13）。

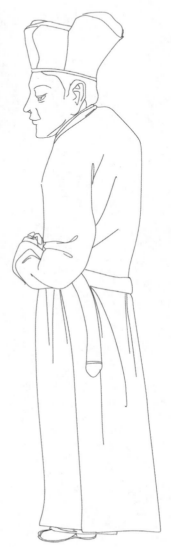

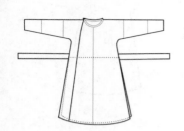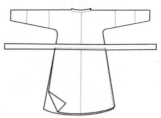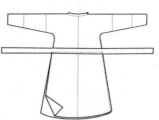

图 3-13（1）处士典型服饰式样图绘

处士着装基本是帽衫（宋代头巾多做了更为便利的固定造型设计，所以也称为帽），其衫多交领，圆领多为通勤服饰应用领形。基本形制则襕衫、直裰均有。色彩以皂色为核心，同时兼有灰褐、驼色、青灰等各类杂色。处士帽衫区别于其他类别士人代表着装。此处图绘内容为：丫顶幞头、小袖圆领长皂衫（左后叠摆式开衩）、小袖交领白中单、革带、白裤、白履。其左下图为外衣正背面结构图，展示了叠摆式开衩的结构特征，而其腰带可以是外加革带，也可以有后腰缝缀帛带的方式。

百工百衣

风尚图绘再现

士人

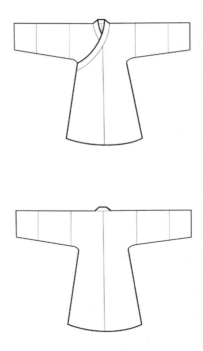

图 3-13（2）处士典型服饰式样图绘

　　此图绘内容是：皂色偃巾、同色宽缘交领小袖直裰、白色交领小袖中单、帛带、大口白裤、白履，是宋代极为常见的处士着装。其直裰一般以皂色为主体，其右下图为外衣正背面结构图，所示外形与图 3-9（3）中的宽缘交领小袖褙子相类，但在是否有腰带与侧开衩等局部细节上存有不同。

PANTONE 19-0506TPX　PANTONE 16-5904TPX　PANTONE 18-0615TPX

PANTONE 18-1320TPX　PANTONE 17-1506TPX　PANTONE 18-0840TPX

PANTONE 11-0601TPX

百工百衣

风尚图绘再现

士人

图 3-13（3）处士典型服饰式样图绘

　　此处图绘内容为：皂色短顶单墙高巾、圆领小袖缺胯衫（多为褐色、驼色）、交领窄袖白中单、皂色绦带、皂色腰裙（内着）、小口白裤、白袜、麻鞋，常作为临时供职、协调于市井与官府事务（如受雇于文书等）的士人装扮，阶层代表性较强，此处做了彩绘。其外衣结构类似于图 3-12（2），但长度不同，可对照参考其结构图。

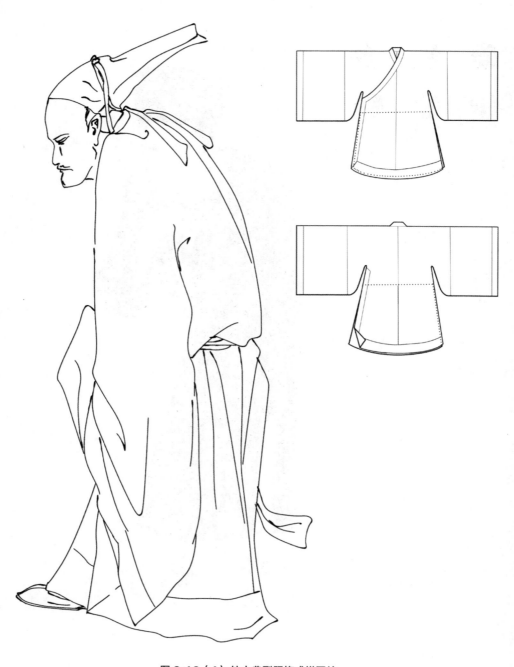

图 3-13（4）处士典型服饰式样图绘

　　此处图绘为：皂色高装垂带巾、白色交领宽缘大袖长衫（左侧叠摆式开衩）、小袖交领白中单、白帛带、大口白裤、白履。其中高巾是宋代文人钟爱的。其白色交领宽缘大袖长衫（直裰）结构可参见图绘之右上图，可比较图 3-10（3）中的直裰结构之异同。在细节上，更可比照参考图 3-12（1）中襕衫的平面结构图，其在横襕、底缘、后缩褶、缘边色彩等局部差异上也很明显，但可借其理解同为交领类的士人服装也很丰富。

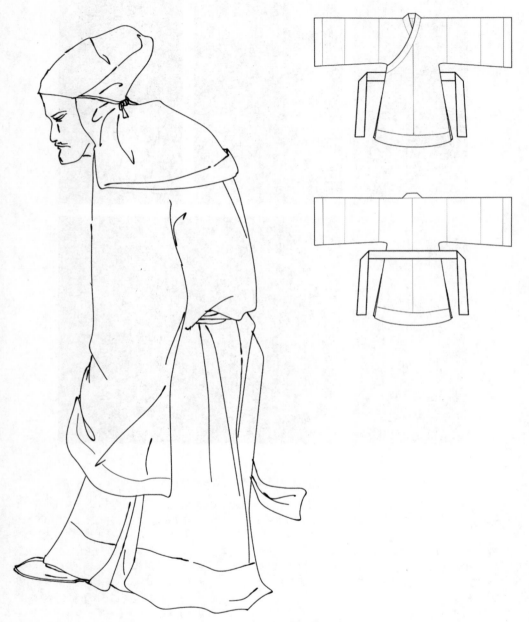

图 3-13（5）处士典型服饰式样图绘

此处图绘为：皂色风帽、中袖交领同色缘缺胯宽衫（夹衣式直裰，可有褐色、白色、灰绿色、驼色等多种色彩）、皂色帛带、白裤、白履，是隐居处士常有的冬季着装。注意此处的直裰是一种缺胯式样，腰带也较宽，其缘边形态与此前直裰也不同，具体见图绘之右上图的正背面结构图。

百工百衣

风尚图绘再现

士人

图 3-13（6）处士典型服饰式样佐证图

　　佐证图上左：北宋张择端作品《清明上河图》（局部，北京故宫博物院藏），其中士人着丫顶大帽（沈从文先生称其为幞头[1]，《东京梦华录》所称黑漆圆顶幞头、黑漆团顶无脚幞头大概便是此式样[2]），在其他士人群体及职役中均存在该款式（见图 3-9 佐证图下左三、图 3-14、图 3-15）。其所配褐色长衣应为小袖圆领衫，应为非缺胯窄身长衫，其后摆左侧有交叠式开衩。另腰扎革带，着白裤、帛鞋。上中：为张择端的《清明上河图》中所见骑马士人，着皂色偃巾、交领中袖皂衫，扎带，白裤、练鞋。上右：南宋刘松年的《罗汉图（二）》（局部，台北故宫博物院藏）所见士人，着皂色高巾、浅驼色圆领中袖缺胯衫，扎皂色绦带，足着麻鞋。该图也被称为《处士问道图》，应表现了南宋处士常装，但北宋也多见。下左：南宋梁楷的《三高游赏图》（局部，北京故宫博物院藏）所见士人着皂色高装巾、白色大袖交领直裰，扎带，着白裤、白履。其所着高巾仅在宋代可见，整体搭配为一种典型的处士着装形象。下右：南宋朱锐所作《溪山行旅图页》（局部，上海博物馆藏）表现了一位处士寒冷季节的着装，其骑驴而裹皂色风帽，搭配浅褐色中袖交领直裰，浅褐色长裤、帛鞋。

1　沈从文：《中国古代服饰研究》，北京：商务印书馆，2011 年，第 488 页。

2　［北宋］孟元老：《东京梦华录：精装插图本》，北京：中国画报出版社，2013 年，第 113、201、204 页。

士人

图 3-14　丫顶幞头佐证图

　　左：北宋张择端作品《清明上河图》（局部，北京故宫博物院藏），表现的是官府士卒，所着丫顶幞头较具有典型性。右：2020 年电视剧《清平乐》（正午阳光影业、中汇影视、腾讯视频联合出品）剧照黑白线图，所表现的官廷内职也着丫顶幞头，其形制基本符合史实，但其外檐稍高，前上端球头部分不够突出。

（四）儒师

　　儒师为各级学府教书育人者，如太学及地方官学教授、小学教谕等，均为平民职业者，其群体常着襕衫，多皂缘，圆领与交领均有。其形制与处士相似，多不同于儒生。除襕衫外，其他士人的常有服式也会被穿用，但总体形象风格是"端严素雅"（见图 3-15）。北宋晁说之所撰《晁氏客语》记载当朝儒师范祖禹的职业形象曰："范纯夫燕居，正色危坐，未尝不冠，出入步履皆有常处……衣稍华者，不服。十余年不易衣，亦无垢污，履虽穿，如新。皆出于自然，未尝有意如此也。"[1] 还有研究称北宋儒师杨适"容仪甚伟，衣冠俨如"[2]、程颐"容貌庄严"[3] 等。这是对宋代儒师形象的典型提炼。此"端严素雅"形象也折射着他们的哲学主张：含蓄内敛、简朴儒雅、便身利事。对此，有研究也认为，宋儒服饰相比前朝更趋保守、庄重，"承载了宋代士大夫内秀端庄的雅趣，传递了这时期士大夫的思想动态"[4]。

1　上海师范大学古籍整理研究所编：《全宋笔记》第 1 编第 10 册，郑州：大象出版社，2012 年，第 124 页。
2　[明]黄宗羲：《宋元学案》第 6 卷，[清]全祖望增补，北京：中华书局，1986 年，第 256 页。
3　[明]黄宗羲：《宋元学案》第 15 卷，[清]全祖望增补，北京：中华书局，1986 年，第 590 页。
4　谭静静：《宋代士大夫服饰研究》，山东大学硕士学位论文，2008 年，第 1 页。

百工百衣

风尚图绘再现

士人

PANTONE 19-0506TPX

PANTONE 18-0940TPX

PANTONE 11-0601TPX

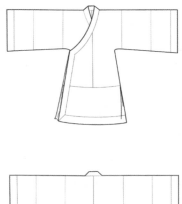

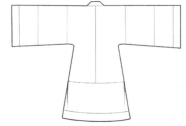

图 3-15（1）儒师典型服饰式样图绘

　　儒师典型形象图绘主要源自北宋时期的实证资料提炼，并参考南宋相关形象推敲。此图绘内容为：单墙饰扣皂色高巾、皂缘交领中袖襕衫（可有褐色、驼色等）、皂缘交领中袖白色中单、皂色绦带、帛鞋。此处所示襕衫与前文儒生之形制不同，为儒师和士大夫多用款式。《图画见闻志》卷一《论衣冠异制》提及襕衫曰："晋处士冯翼，衣布大袖、周缘以皂、下加襕，前系二长带，隋唐野服之，谓之冯翼之衣，今呼为直裰。"[1] 便是此类襕衫，是儒师常见着装，具有宋代服饰代表性，而做了彩绘。其襕衫结构不同于图 3-12（1），此底缘较宽，缩褶部位不在后中，而是在两侧，具体参见图绘之正背面结构图。

1　[北宋] 郭若虚：《图画见闻志》第 1 卷《论衣冠异制》，北京：人民美术出版社，2016 年，第 13 页。

PANTONE 19—0506TPX

PANTONE 18—0513TPX

PANTONE 11—0601TPX

图 3-15（2）儒师典型服饰式样图绘

　　此处图绘内容为：皂色系带偄巾、皂缘圆领中袖襕衫、交领中袖白中单、白色交领汗衫、皂色缘带、白履，是宋代儒师典型襕衫套装，具有时代性，而做了彩绘。此中出现了"中单"和"汗衫"二词汇。《中华古今注》解释曰："汗衫，盖三代之衬衣也。礼曰'中单'。汉高祖与楚交战，归帐中汗透，遂改名'汗衫'，至今亦有中单，但不缏而不开耳。"[1] 所以，宋代中单相对三代至秦汉形制有所变化，且从图证可见外衣之内穿着有多层内衣，本研究索性将紧邻外衣者称为中单，而贴身穿着容易湿汗者称为汗衫（其实为两层或多层中单），如此便可以名称辨着装层次。此后均有此类称名情况，不再赘述。其襕衫结构除了领子为圆领造型外，其他部分基本类同于图3-15（1），具体可参见其图绘右下图之正背面结构图。

1　[唐]苏鹗:《苏氏演义: 外三种》，吴启明点校，北京: 中华书局，2012 年，第107 页。

图 3-15（3）儒师典型服饰式样图绘

　　此图绘内容为：皂色丫顶幞头、窄袖交领缺胯白衫、窄袖交领白中单、皂色绦带、白色大口裤、白履，是儒师常有形象之一，其幞头是宋代典型，窄袖缺胯白衫也是士人常着款式。需要说明的是，此处的缺胯白衫之结构大不同于前文缺胯衣，其交领而窄袖，并有利于乘骑，是一种融合胡汉结构、深具创新意义的宋代特色款式，具体见其右下图之正背面结构图。

图 3-15（4）儒师典型服饰式样图绘

　　此图绘内容为：皂色束髻长脚巾、圆领小袖长裾子、交领窄袖中单、小口白裤、白短袜、线鞋。其裾子为衣袖较短（古代士人袍服长袖一般会长出手臂 30 厘米以上，而此处袖长基本可至虎口，接近现代服饰之长袖）的圆领裾，也是创新设计的宋代典型，儒师常见。具体结构见此图绘右下图之正背面结构图。

百工百衣

风尚图绘再现

士人

图 3-15（5）儒师典型服饰式样图绘

此图绘内容为：皂色系带偃巾（在闲处时常着束发冠）、宽缘交领大袖直裰、宽缘腰裙、中袖交领白中单、小袖高交领汗衫、白色帛带、白色大口裤、白色翘头帛鞋（也可配笏头履）。其大袖直裰的基本结构可参考图 3-10（3）之直裰，两者只是衣长不同。

图3-15（6）儒师典型服饰式样佐证图

佐证图上左：南宋马兴祖（传）所作《香山九老图》（局部，美国弗利尔美术馆藏），该士人应为燕居士大夫形象，但也出现在高级学府教授身上。其着东坡巾、皂缘黄褐色交领中袖襕衫，腰扎绦带，下着帛履。上中：南宋周季常所作《五百罗汉图之应身观音图》（局部，美国波士顿艺术博物馆藏），其中皂色偃巾、皂缘圆领中袖襕衫、白裤、白鞋，并腰扎绦带之配套，为宋代典型儒师形象。上右：北宋李公麟所作《山庄图》（局部，台北故宫博物院藏），前文儒生着装中已述，同为地方教育机构儒师常见形象，只是往往同类形象而配饰、气质不同。下左、下中：北宋张择端作品《清明上河图》（局部，北京故宫博物院藏），其中士人分别着丫顶幞头巾配白色窄袖长衫和长脚偃巾配黄褐色小袖圆领长褙之套装，均为骑马的儒师形象。下右：南宋佚名《孔门弟子像》（局部，北京故宫博物院藏）所见士人形象传承自唐但也应为民间私塾常有，其着缁撮冠、浅青灰缘边深青灰大袖直裰、白裤、翘头皂履，腰扎白色帛带，其内应还着有与外衣同色的腰裙一片。

以儒师为代表的士人群体十分推崇襕衫，其借深衣为基础形，然后在下摆横向拼缝一整幅衣料，以象征上衣下裳的中华古制，表达对乾坤观念的传承与发扬。这种款式相比衣裳装更便捷、结构更整体且视觉上更流畅，自隋唐以来就作为士人常装，并在不断地创新中传承后世（见图 3-16），在多数阶层影响深远。

图 3-16 儒师襕衫比较图

此处比较图中的左图为唐代阎立本（传）作品《孔子弟子像》（局部，首都博物馆藏），其中唐代儒师所着为皂缘交领灰绿色大袖襕衫（该画卷底色偏淡绿，所以服装主色可能为麻灰），内着为白色中单，下着白色翘头履。右图为《三才图会》所绘制明代襕衫[1]，已无横襕，而相比宋代同类襕衫缘边加宽，特别是底摆皂缘加量比例明显，应是以此加量替代了横襕，在视觉上依然保持了横向分割的效果。

---

1 ［明］王圻，王思义：《三才图会》（中册），上海：上海古籍出版社，1988 年，第 1535 页。

士人

（五）士大夫

　　士大夫主要是指乡间富有影响力的文人和罢官归田的在野官员，是乡绅的主体成分，一般也称为庶民。其常着襕衫、衣裳装、氅衣、直裰、深衣等款式（见图3-17~图3-19）。

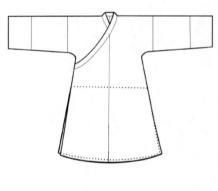

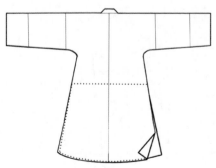

图3-17（1）士大夫典型服饰式样图绘

　　士大夫着装考究，是宋代社会价值观的代表性物质载体，是文人素养及其社会形象之典型彰显，但其对百工着装特征的代表性不强。此处图绘内容是：皂色丫顶幞头、同色缘小袖右侧叠摆式开衩交领直裰（其色彩可有褐色、皂色、青绿色、姜黄色等）、交领小袖白色中单、后腰裙、白裤、白履。该直裰结构与前文直裰款式大不相同，其右后侧叠摆开衩少见，具体见着装图绘右下的正背面结构图。

图 3-17（2）士大夫典型服饰式样图绘

　　此处图绘内容是：漆纱单墙方窄顶高巾、皂缘大袖右侧叠摆式开衩交领襕衫、中袖交领白中单、皂色帛带、大口白裤、皂色笏头履。该图绘中的交领襕衫结构也较为特别，也具有右后侧叠摆开衩的特色设置，具体见着装图绘右下的正背面结构图。

图 3-17（3）士大夫典型服饰式样图绘

　　此处图绘内容是：皂色重戴（漆纱系带方窄顶后垂带高巾、宽沿皂席帽）、窄袖圆领缺胯白衫、窄袖交领白中单、皂色帛带、大口白裤、白色翘头履，是街头士大夫常有着装。其外衣窄袖圆领缺胯白衫的基本结构可参考图 3-12（2）中平面结构图，只是此处的袖子更窄小。

图 3-17（4）士大夫典型服饰式样图绘

　　此处图绘内容是：束发冠、皂缘交领大袖短上衣、白色交领中单、围裳（右后侧叠襟，可有青灰、姜黄等色彩）、皂色帛带（也可为皂色绦带）、大口白裤、皂色笏头履。这是士大夫常见的衣裳装搭配，不具备百工衣着代表性。其皂缘交领大袖短上衣为直裰式样，但衣身较短，可参考前述如图 3-10（3）等皂缘直裰平面结构图予以理解。

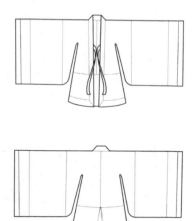

图 3-17（5）士大夫典型服饰式样图绘

　　此处图绘内容是：皂色单墙高巾、皂缘合领结带广袖加襕氅衣、皂缘交领大袖上衣、围裳（可有皂缘或无缘）、帛带、皂色笏头履，为宋代士大夫的典型着装配套。其氅衣具有融合襕衫细节的独特结构创新设计，体现士人信仰的同时凸显了便捷诉求，具体可见其左下正背面结构图。

图3-17（6）士大夫典型服饰式样图绘

　　此处图绘内容是：皂色垂长带葛巾、皂缘交领广袖上衣、皂缘围裳、白色交领大袖长中单、白色帛带、大口白裤、木屐。这里值得注意的是皂缘广袖上衣，其肩头另有一个小袖子形态的特别结构设计，应为隐居士大夫崇尚的"奇装异服"细节。其着装图右上的正背面结构图是对上衣的推定，该结构的实现需要打破大多数宽衫所用的"十字形"结构方式，从肩部破缝做出肩线方能完成此式样的制作。此结论的提出是基于古法制衣的试验过程与文献实物等多维度互考推断，具体见图3-17（6）之试验附图1~7。

百工百衣

风尚图绘再现

士人

附图1：图像局部考证

附图2：结构纸样推敲

附图3：立体裁剪结构验证

附图4：平面裁剪结构研究

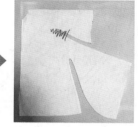
附图5：平面裁片工艺研究

附图6：古法平面试制研究

附图7：立体试制与式样推定

图3-17（6）附图 特殊结构试验与推定

士大夫地位显耀，着装形制丰富，结构细节常有独特呈现，如图 3-17（6）所示袖子局部的结构颇为特别。本研究针对此类结构予以特别关注与结构探索。

需要强调的是，本书中所示图绘式样有些是个性特征十分突出或是学界颇具争议的，为了深入探索其科学性或合理性，明确造型是非，我们特别做了全面的古法制作试验研究。如 3-17（6）图中士人肩头小袖，首先纵向考证了南北朝至明清时期的同类形象传世图像，还查阅了相关文献，并借助出土实物进行了结构、材质、比例、工艺等方面的研究考证，在多维度比较的基础上，在非遗传承人的支持指导下尝试应用古法多形态、多视角试制，方得以推定上述平面结构图形态。还有一些式样是本研究认为较为重要的，也进行了此类古法制作试验研究，如图 3-105（4）附图所示胥吏舞人所着外衣。基于篇幅所限，其式样试验研究过程不再展开说明。此外，常规性式样图绘均依据学界结构造型的共识予以确定，无须进行全面试验制作，偶有局部试制研究，具体参见图 3-75（2）附图所示比丘所着中单局部。

图 3-17（7）士大夫典型服饰式样佐证图

　　佐证图上左一：北宋佚名《睢阳五老图》（局部，美国弗利尔美术馆藏）中所表北宋仁宗时礼部侍郎王涣致仕像，其着皂色高巾、皂色圆领小袖直裰、红鞓带、白色翘头履，为平民士大夫装束，但这种形象较为少见。上左二：北宋张择端作品《清明上河图》（局部，北京故宫博物院藏），其中着丫顶幞头、皂缘交领褐色小袖直裰，腰扎绅带，后覆腰裙，下着白裤练鞋者便是一士大夫，其右侧则为一普通士人，可做比较。上左三：南宋佚名《画屏人物图》（局部，台北故宫博物院藏）所表现的形象也是宋代士大夫，其着圆顶皂纱长脚幞头、皂缘交领中袖衣，配皂青色下裳、白裤、白袜、皂色岐头履，虽为南宋图像，但也能反映北宋风尚。该着装结合其室内陈设，深刻映射了当时的文人雅兴及其思想崇尚。上左四：南宋马远作品《山径春行图》（局部，台北故宫博物院藏）中的士人着皂色方顶纱帽、皂缘交领大袖白色襕衫、皂色绅带、白裤、皂色翘头履，由此前多图引证可知其也是宋代士大夫的典型着装。上左五：北宋张择端作品《清明上河图》（局部，北京故宫博物院藏）所表现的士大夫着宽檐尖顶大帽、窄袖圆领缺胯白衫、白裤白履。颈后还垂挂一对长带，应为大帽下所戴幞头之长脚。这种着装常见于北宋至南宋在职官员的便服，也是平民着装形象，其大帽应为类似图 3-18 中的简化版（具体细节不同）。下左一：南宋马麟所作《林和靖图》（局部，日本东京国立博物馆藏）表现的士人着装是士大夫典型衣裳装，其皂缘交领大袖白衣、姜黄色下裳、白裤、翘头皂履的基本搭配是宋代常有。下左二、下左三：均为北宋李公麟（传）作品《商山四皓会昌九老图》（局部，辽宁省博物馆藏），其中所见士大夫形象均为皂白色搭配，下左二为东坡巾搭配交领中袖直裰、皂色腰带、白裤帛履，履色白皂均有，其中簪花是宋代代表性风尚，下左三局部图右侧的士人着东坡巾、衣裳装，而外披大袖皂缘氅衣，闲适意境顿现。下左四：南宋佚名《归去来辞书画卷》（局部，美国波士顿美术馆藏）中的士人着长带葛巾、皂缘交领广袖直裰、白色绅带、木屐，洒脱飘逸，仙意袅袅。值得注意的是其肩部有皂缘小袖结构，形貌奇异，应为魏晋风尚之遗风。

图 3-18 士大夫典型形象佐证图

　　该图为南宋李唐（传）作品《七子度关图卷》（局部，美国弗利尔美术馆藏）中所表现的士大夫着装，其着皂缘大席帽、皂色风帽、圆领中袖宽衫，扎皂带，着白裤白靴，为秋冬多用形制。其大席帽与风帽或幞头的重叠佩戴被称为重戴。《宋史·舆服五》载："重戴。唐士人多尚之，盖古大裁帽之遗制，本野夫岩叟之服。以皂罗为之，方而垂檐，紫里，两紫丝组为缨，垂而结之颔下。所谓重戴者，盖折上巾又加以帽焉。宋初，御史台皆重戴，余官或戴或否。后新进士亦戴，至释褐则止。"[1] 图 3-17 佐证图上左五首服也应为重戴，除了官方有戴用规制外，士大夫、儒生之民间形象中也常见。

---

1 ［元］脱脱：《宋史》第 153 卷《舆服五》，北京：中华书局，1977 年，第 3570 页。

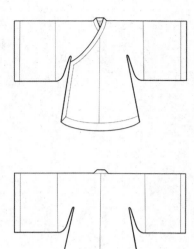

图 3-19（1）士大夫深衣图绘

　　此处为宋代深衣的图绘：皂色幅巾、皂缘交领中袖深衣、皂色帛带（绅带）、白色中袖交领中单、大口白裤、皂色笏头履。深衣历来为士人重要服装款式，北宋有穿用，南宋中兴之后更受重视。南宋理学家金履祥撰写《深衣小传》，力倡士人穿用深衣，认为其形制合乎《周礼》中的"规矩准绳"[1]。《宋史》载："深衣用白细布，度用指尺，衣全四幅，其长过胁，下属于裳。裳交解十二幅，上属于衣，其长及踝。圆袂方领，曲裾黑缘。大带、缁冠、幅巾、黑履。士大夫家冠昏、祭祀、宴居、交际服之。"[2]据此判断，南宋深衣材质与白襕相类，其袖口内收而袂廓为圆形，领子后领中部与侧翼转角为方形。其常配大带、缁冠、幅巾、黑履，基本

形态与前述《山庄图》士人所着直裰类似。南宋赵彦卫《云麓漫钞》卷四阐释曰："古之中衣，即今僧寺行者直裰，亦古之逢掖之衣。"[3]直裰即直裰，为宋代普及的一种汉族服饰形态。《文献通考》载："中衣者，朝祭服之里衣，其制如深衣，故《礼》载深衣连衣裳而纯之以采者，有表则谓之中衣。"[4]由此可断，深衣在宋代（特别是北宋）并未沿用周代深衣之制，而是直裰形态，中单与其二者相类，只是无衬里。具体结构形态可参考该图绘右上图。

1　[南宋]金履祥：《仁山集》第 3 卷，北京：中华书局，1985 年，第 45 页。

2　[元]脱脱：《宋史》第 153 卷《舆服五》，北京：中华书局，1977 年，第 3578 页。

3　上海师范大学古籍整理研究所编：《全宋笔记》第 6 编第 4 册，郑州：大象出版社，2013 年，第 135 页。

4　[南宋]马端临：《文献通考》第 113 卷《王礼考八》，上海师范大学古籍整理研究所、华东师范大学古籍研究所点校，北京：中华书局，2011 年，第 3462 页。

图 3-19（2）士大夫深衣佐证图

　　佐证图左：此为南宋马兴祖（传）《香山九老图》（局部，美国弗利尔美术馆藏）中着皂色幅巾、皂缘交领大袖深衣（下加襕）、帛带、皂色岐头履的士大夫，画幅底色偏黄，主体应为本白色。中：明代周臣《香山九老图》（局部，天津博物馆藏）所表士人着皂色幅巾、皂缘交领大袖白细布深衣，腰扎缘带，足着皂色笏头履，是明代士大夫的日常交际着装。可见宋明士人的深衣穿用形象基本一致。右：《三才图会》中表现的"新拟深衣图"，是对《周礼》中深衣的新式再现，为皂缘交领大袖形象。其实，该图深衣为合领造型，后做了右掩方式，从而制造了"方裕"效果。其重点是衣裳分裁后缝合，并对下裳部分进行了多幅梯形衣片分裁并缝合，追求对周代深衣原始形态的符合度。

　　在以上士人着装中，紫衫、凉衫均未作描述和再现，是因为其非北宋典型。本部分图绘再现士人职业服饰不同式样共计 29 套，其中最具代表性式样共计有 7 套。

表 3-1 士人职业服饰细节经典提纯

图别	图例	说明
首服		圆顶漆纱幞头与白襕、系带皂色偃巾与圆领皂缘襕衫、单墙皂色高巾与皂缘交领襕衫、皂色单墙短顶高巾与圆领缺胯衫等搭配，特色鲜明。具体见图 3-6（1）、图 3-13（3）、图 3-15（1）、图 3-15（2）。

百工百衣

风尚图绘再现

士人

图别	图例	说明
上衣		合领、皂缘交领褙子是典型上衣制式。上述皂缘圆领襕衫之上衣形态也是经典之一。具体见图3-9(1)、图3-9(3)、图3-15(1)，其中的平面结构图对古代面料应用价值观有所反映。
下装		直裰配腰裙、皂缘襕配绦带、侧摆叠衩、合领氅衣加襕等是下装典型。具体见图3-10(3)、图3-15(2)、图3-17(2)、图3-17(5)。
足衣		白色帛履（练鞋之一）、系带麻鞋、翘头帛履（可有多种色彩）等是士人经典足衣。具体见图3-12(2)、图3-13(3)、图3-15(1)。

　　表3-1集中列举了北宋士人职业服饰局部的经典细节，具有突出的时代文化特征，反映了理性文雅的价值追求。其中的首服结构、门襟结构、缘边方式、排料理念、足衣形态等对我们今天的时尚创意有较大借鉴价值。士人职业服饰系统之构建关系可从表3-2予以认知。

表 3-2 士人代表性职业服饰谱系

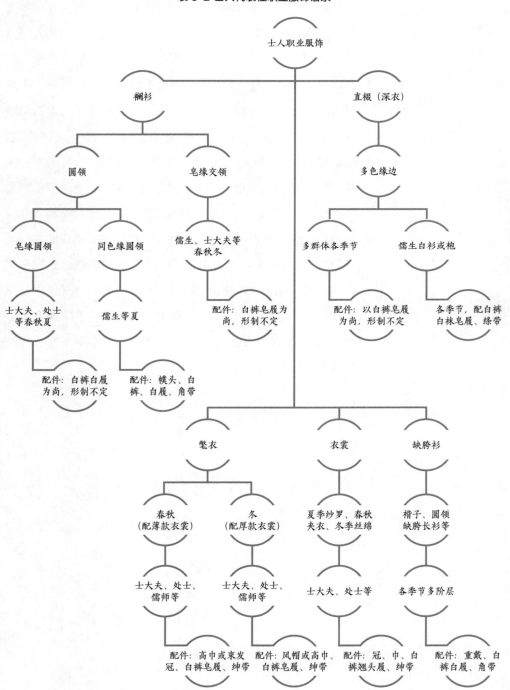

此谱系所示代表性职业服饰中，襕衫、直裰为核心。氅衣多不用在夏季，亦为士人常有。衣裳装则为闲居多用，所以不具备职业标识性。缺胯衫为多阶层常配，而士人阶层一般长至脚踝，不过该款式不具士人典型标识性。

综合以上所述，宋代士人服饰因具体职业岗位的不同而多种多样，春、夏、秋、冬各有衣式，其虽对古代文人服饰多有延续，但变化较大，比如深衣不再恪守旧规，演绎出多种直裰、襕衫形制，体现了宋人思想自由、观念更新、深具思辨的特征。总体看，宋代特别是北宋在厚德价值观的引领下，士人各群体均重视与民间生活价值观的统一，注重生活消费的质朴与节制，凸显修心为上的精神追求。《杨文公谈苑》载："太祖服用俭素，退朝常衣絁袴麻鞋，寝殿门悬青布缘帘，殿中设青布缦。"[1] 可见开国皇帝宋太祖坚持与民间共同奉行节俭的生活规则。北宋其他皇帝也曾多次申饬服饰"务从简朴""不得奢僭"。所以，北宋的服饰综合视觉呈现出了质朴务实、平民化的格调。同时，在儒、释、道三家思想充分交融下，佛家"灭欲观"、道家"人本观"也深深影响了人们的着装观念，促进了文人服饰素雅、内敛、平实、质朴之美学格调的形成。

1　李裕民辑校：《杨文公谈苑》，上海：上海古籍出版社，2012年，第29页。

农民

　　在宋代，随着农业的局部转型，大量农民也呈现出多元化的职业发展态势。北宋已有商业化农民出现，其角色与士、工、商、医等各行业间的关系因商业发展而日益密切。所以，此时的农民不只是为自己的生活进行劳动与生产，也是在先进的生产力推动下以独立自主或受雇于人等形式展开种植、养殖、渔猎、销售等多样化农业经营，从而推动了城市周边商贸业态的变化。日本学者宫崎市定评论："商业的繁荣，不仅使农村的面貌发生了改变，城市的形态也为之一变。"[1] 于是，农民群体的职业形象也发生了与前代不同的转变。

---

[1] 宫崎市定：《东洋的近世：中国的文艺复兴》，砺波护编，张学锋、陆帅、张紫毫译，北京：中信出版社，2018 年，第 35 页。

（一）种植业农民

　　种植业者因季节与环境因素而在着装式样上常有不同，但基本服饰面貌有着共同的特征，即皂白二色的短装为主体，这种概貌受政府法令约束、群体自我认知和角色地位的共同作用（见图3-20）。

图 3-20（1）种植业农民典型服饰式样图绘

　　这是种植业农民春秋季的一种代表性着装，其寒凉季节着装形制与此相类，只是有夹衣、绵衣、多层衣套叠方式的差异。其图绘内容为：皂色前系带巾、小袖缺胯短衣（肩头补丁）、白色交领中单、褡裢、帛带、小口长裤、草鞋。其整体色彩可有青灰、灰绿、褐、皂、白等色。

图 3-20（2）种植业农民典型服饰式样图绘

　　这是种植业农民春秋季长款代表性着装，其图绘内容为：丫髻、小短袖圆领缺胯过膝长衣（领口散开）、帛带、小口长裤。其中，领口散开、短袖、补丁错落及劳动工具等要素具有较强的职业标识性。其色彩可有褐、皂、白等色。

图 3-20（3）种植业农民典型服饰式样图绘

　　这是种植业农民另一种齐膝短衣类代表性着装，身份为基层管理者。其图绘内容为：皂色前系带巾、小短袖圆领缺胯齐膝衣（领口散开，前衣摆提裹腰间）、左衽交领中单、垂帛带腰裙、小口长裤、线鞋。其领口所显示的内容中单左衽结构显示了该阶层着装的自由态度。其色彩可有灰褐、皂、白等色。

图 3-20（4）种植业农民典型服饰式样图绘

此处种植业农民的着装图绘内容为：皂色带环头巾、小袖交领无衩至膝短衣、白色交领中单、皂色帛带、小口长裤、棕鞋，全身多处补丁。其色彩可有灰绿、褐、皂、白等色。

图 3-20（5）种植业农民典型服饰式样图绘

　　此处为着幞头短衣的种植业农民着装，可见农民首服的多样化。其图绘内容为：皂色硬脚幞头、小袖圆领缺胯短衣、白色交领中单、白色帛带、白色小口长裤、白色短袜、线鞋。其色彩可有青灰、皂、白等色。

图 3-20（6）种植业农民典型服饰式样图绘

此处为种植业农民的长款着装图绘，多为基层管理者形象。其图绘内容为：皂色头巾、小袖圆领长衣、白色交领中单、腰帕、白色帛带、白色小口长裤、系带棕鞋。其色彩可有皂、白等色。

图 3-20（7）种植业农民典型服饰式样图绘

此处种植业农民着装的图绘内容为：皂色前系带偃巾、小袖交领缺胯短衣（前衣摆两角提起，后衣摆缩进腰带）、白色交领缺胯短中单、白色帛带、白色小口长裤、草鞋。其色彩可有皂、白等色。

PANTONE 11-0601TPX

图 3-20（8）种植业农民典型服饰式样图绘

　　此处种植业农民着装较为典型，特作彩绘。其图绘内容为：草笠、小袖圆领缺胯短衣（前后衣摆提挂腰带）、白色交领短中单、白色帛带、白色短裤、赤足。其中的短裤外形较为接近当今款式，只是其裆部以缝加三角形小裆而成合裆结构，其右侧开腰且钉缝系带。其主体色彩为白色。

图 3-20（9）种植业农民典型服饰式样佐证图

　　佐证图上左：北宋张择端《清明上河图》（局部，北京故宫博物院藏）所表现的郊外一自耕农形象，着皂巾、褐衣、白裤白鞋，是春秋季短衣农户着装典型。上中、上右：北宋郭发绘制壁画（局部，山西高平开化寺）中的农民形象，着皂巾、白色圆领小袖短衣（领口散开）、墨绿围裳、短裤、提摆赤足，或丫髻、白色圆领小袖过膝缺胯长衣（领口散开）、白色腰带、赤足，这是北宋耕田人着装的代表形象。中左：也是郭发所绘壁画的局部，表现的也应是种植农，身份极可能是基层管理者，其裹皂巾，着圆领小袖缺胯白衣、浅灰腰裙、白裤、练鞋，提摆。中中：南宋李唐（传）《炙艾图》（局部，台北故宫博物院藏）表现的农民形象虽为南宋，但也沿袭了北宋中晚期之典型，其系带皂巾、交领小袖褐衣、浅灰色裤和棕鞋。中右：为南宋马远《踏歌图》（局部，北京故宫博物院藏）中酒后踏歌作欢喜态的老农形象，其着皂色幞头或头巾、白色或青灰色缺胯窄袖衣（应为圆领）、白色长裤、单梁帛鞋或草鞋，这也是延续北宋末的农民典型形象。下左：南宋刘履中《田畯醉归图》（局部，北京故宫博物院藏）中的老农形象，左侧为皂色丫顶幞头、白色缺胯小袖过膝长衣（应为圆领）、白裤、白腰带、棕鞋，右侧为基层管理者即田官形象，着皂色系带巾、皂色圆领缺胯小袖过膝长衣、白色腰帕、白色中单、白裤、棕鞋。下中、下右：元代程棨《摹楼璹耕图》（局部，美国弗利尔美术馆藏）中的农民，联系两图判断其应为农庄雇农，其着装为皂巾或笠帽、白衣、白裤（长裤或短裤）、草鞋或赤足，较为统一，职业化程度高。

综上可见，北宋农民着装中圆领小袖短衣多见。同时可知，种植业农民的着装职业化程度不高，与农业庄园的雇农、职役等着装有着较大不同，体现了其服装穿用的自由度和式样多样性，这是自由农民群体着装的典型性，凸显了北宋农民较高的社会地位与良民主体性。从着装风格上看，农民服饰助推了北宋社会文化的主流：质朴、典雅。

（二）养殖业农民

养殖业农民主要是指从事家畜、家禽等人工养殖劳动的农民群体，其着装与种植业农民多有类似，但因具体工作内容与环境的差异而有一定不同（见图3-21）。此处所涉及的农民以牧马、牧牛、牧羊等职业者为代表，仅为民间养殖户，而同为养殖工作者的官方马夫等则归为职役（胥吏）类。

图 3-21（1）养殖业农民典型服饰式样图绘

此处为养殖业农民的典型着装式样，其图绘内容为：草笠、窄袖交领缺胯短衣、白色帛带、行囊、白色缚裤、行縢、练鞋。该套装的关键是便捷功能最大化，其窄袖、行縢、缚裤是野外放牧工作的刚需。其主体色彩为白色。

图 3-21（2）养殖业农民典型服饰式样图绘

此处为北方寒冷地区养殖业农民的着装式样，也代表了中原民族服饰的另一种形态，其图绘内容为：皂色幅巾（此处也具有防风避寒功能）、窄袖圆领缺胯至膝短衣、帛带、腰包、白色小口长裤、线鞋。该套装线条修长合体，具有胡汉融合的款式特征。其主体色彩为驼、青、皂、白等色。

图 3-21（3）养殖业农民典型服饰式样图绘

这是宋代养殖业农民的典型着装式样，也许是居家养殖状态的稳定性促成了着缁撮、交领衣衫的习惯。其图绘内容为：缁撮、小袖皂缘交领缺胯至膝短衣、皂色帛带、白色小口长裤、线鞋。其主体色彩为皂、白等色。

百工百衣 —— 风尚图绘再现 —— 农民

图 3-21（4）养殖业农民典型服饰式样佐证图

　　佐证图上左一图：《雪中归牧图》（局部，南宋李迪〈传〉，日本大和文华馆藏）表现的是头戴斗笠，着白色交领窄袖短衣、缚裤、行縢、帛鞋的冬季套装，是牧牛人的典型形象，这是有宋一代的典型之一。上左二图：《杨柳暮归图》（局部，清代萧晨，北京故宫博物院藏）表现的是牧牛人春夏季常有的衣着，其着斗笠、襏衣、白色短衣长裤、草鞋，也是宋至清初常有的衣着式样。上左三图：《四季牧牛图》（局部，南宋阎次平，南京博物院藏）所表现的虽然是牧童，但也反映宋代牧牛人可能着裲裆背心配短裤。上左四图：《苏武牧羊图》（局部，南宋李迪〈传〉，北京故宫博物院藏）表现的牧羊人虽然处于北疆，但其着装则具有宋代形制特征，为皂色幅巾、浅驼色圆领窄袖衣、白裤、线鞋。下图：《豳风七月图卷》（局部，南宋马和之，美国弗利尔美术馆藏）表现了多位普通农民形象，其着缁撮、皂缘交领窄袖齐膝缺胯白色短衣，腰间系扎皂色帛带，下穿白色小口长裤与线鞋，这身着装同样适用于北宋养殖业农民。《诗经》云："二之日凿冰冲冲，三之日纳于凌阴。四之日其蚤，献羔祭韭。"即表达了该局部图中农民的工作场景，其语义是指农民们在农历十二月要开凿冰块（冲冲，即象声词，同"冲冲响"），并在农历一月将它贮存于冰窖（即凌阴），其目的是在农历二月启冰来冷藏用以祭祀的羔羊等美味。

可见，养殖业农民职业服饰往往要通过专业配饰或环境适用性细节来表达。

（三）渔猎采集业农民

渔猎业包含官方渔猎与民间渔猎两类范畴，其中官方渔猎依然属于职役（胥吏）类职业，此处仅针对民间渔猎即农民类进行研究分析。因野外工作的特殊性，渔猎业农民有着较高程度的职业化状态，服装形态也有了职业化规格（见图3-22~ 图3-23）。特别是进入北宋，随着人们对渔猎对象的食用与保健认知度增强，渔猎范畴也在不断扩大，"鹌鹑、鸠、鸽、野鸭、黄雀、鹦鹉、孔雀等禽鸟，獐、兔、獾、狐狸、麋、鹿、野象、野猪、猿等兽类，蛇、鳄鱼等爬行类以及蛙、龟等水产类动物"[1]均在渔猎范围。同时，渔猎职业者也不断增多，渔猎生产管理受到政府高度重视，有组织、有管理规范的渔猎活动萌生、发展，逐渐脱离传统农业生产。特别是在发达的运河产业链支撑下，渔业甚至成为北宋的独立经济门类，于是实质意义上的专业行会（渔行）出现，其职业化着装也被重视。

因其工作性质、内容相似，采集业通常会与渔猎业同列，所以此处就采集业职业着装也做了研究。采集业以柴草、花叶、玉石等为代表性工作对象，其典型服饰式样有多种（见图3-24）。

1　魏华仙：《试论宋代对野生动物的捕杀》，《中国历史地理论丛》，2007 年第 2 期，第 56—57 页。

百工百衣

风尚图绘再现

农民

图 3-22（1）狩猎业农民典型服饰式样图绘

　　此处为狩猎业农民的着装式样，其图绘内容为：皮笠（也可为裘帽）、小袖圆领缺胯短衣、帛带、行囊、白色缚裤、单梁帛鞋。这是民间常有形象，其宽檐帽为野外工作防护所需。其主体色彩为白色。

图 3-22（2）狩猎业农民典型服饰式样图绘

　　此处为职业化狩猎业农民的典型着装样式，其图绘内容为：红缨镶饰皮笠、圆领窄袖无衩短衣、帛带、捍腰、缚裤、膝裤、系带帛鞋、专业射杀工具。这是由地方政府武装起来的民间职业猎户套装，但因当时兵与民的着装互融而未能较好显示农民的职业特性，倒有几分兵卒特点，可这的确是民间常有的一种农民形象。其主体色彩为皂、白等色。

图 3-22（3）狩猎业农民典型服饰式样佐证图

　　佐证图上：《雪山归猎图》（局部，北宋翟院深，私人藏）表现了冬季的几位民间猎人形象，其均着笠帽、白色窄袖短衣、白色长裤与膝裤，腰间扎带，足衣应为帛鞋或棕鞋。此形象类似于下左图。下左：《西岳降灵图卷》（局部，北宋李公麟〈传〉，北京故宫博物院藏）表现的也应为以打猎为生的民间猎户冬季着装。其中的右上猎人戴裹帽（为风帽中的一种），下颔系带，着圆领窄袖短衣，腰间束带。左下猎人则裹白色头巾，着交领右衽皮草饰边窄袖衣，其衣长应可至膝，内着交领右衽、饰以波点状花纹领缘的内衣，形象风格近似周边胡人，特别是其白色裹巾较少见，一般为丧服所配，但因胡人服饰在狩猎活动中的优越性突出，中原民间服饰对其长期效仿，而极可能有呈现出如图所示的猎户模样。下中：亦为《西岳降灵图卷》（局部，北宋李公麟〈传〉，北京故宫博物院藏）中的形象，其着红缨镶饰笠帽、圆领窄袖短衣，下着缚裤、膝裤、帛鞋，腰扎帛带、捍腰，携带专业射杀工具，似为官方兵卒，但是，其着装对民间猎户应有着较大的实用性启发，与上右图所示形象类似。同时，民间狩猎者作为武艺较佳的强壮人力也应常被官方征召为乡兵以维护治安，其平时着装被严格规范以图及时响应。《宋史》记载其状态曰："无事散处田野，寇至追集，给器甲、口粮、食钱。"[1] 可见其也可能常以该图形象做个体狩猎活动，渐为其职业形象之一。下右：《秋猎图卷（画集）》（局部，明代仇英，台北故宫博物院藏）中表现的是明代狩猎者形象，但反映了猎人常有的职业服饰装备，其中与窄袖短衣搭配的裘皮坎肩凸显了猎户用兽皮元素做衣服的常态，可支撑北宋猎人职业服饰的推敲。

1　[元]脱脱：《宋史》第 190 卷《兵四》，北京：中华书局，1977 年，第 4710 页。

PANTONE 11—0601TPX

图 3-23（1）渔业农民典型服饰式样图绘

　　此处为渔业农民的典型职业化着装式样，且具有普通阶层着装的风格特性，特作彩绘表达。其图绘内容为：白帛带扎髻、白色腕带、后宽幅式犊鼻裈、专业工具。其腕带可辅助发力且为职业标识，主体色彩为白色。依据当时服饰造型的平面化思维与外结构推敲，该款犊鼻裈的平面结构图推测如其图绘右上图。

图 3-23（2）渔业农民典型服饰式样图绘

　　此处也为渔业农民的典型职业化着装式样，其图绘内容为：笠帽、圆领小袖缺胯短衣（衣摆围裹腰间）、犊鼻裈（此犊鼻裈的结构特征与前图不同，其结构图推测如此处右下图）、专业工具。主体色彩为白色。

图 3-23（3）渔业农民典型服饰式样图绘

这是一类渔业农民的着装式样，其图绘内容为：幞头、圆领小袖缺胯短衣（衣摆自裆下交结）、小口白裤、草鞋。主体色彩为白色。

百工百衣

风尚图绘再现

农民

图 3-23（4）渔业农民典型服饰式样图绘

　　这是渔业农民常有的着装式样，其图绘内容为：笠帽、蓑衣、圆领小袖缺胯短衣、小口长裤。蓑笠搭配是渔业从业者的典型式样。其主体色彩可有青灰、草黄、驼、白等色。

图 3-23（5）渔业农民典型服饰式样佐证图

　　此处佐证图上左：北宋郭发壁画（局部，山西省高平市开化寺壁画）中的渔夫形象，其以皂巾束髻，着白色犊鼻裈，裸露大半身，呈现了水中捕鱼的渔夫典型着装。上中：《秋江渔艇图》（局部，北宋许道宁，美国纳尔逊·阿特金斯艺术博物馆藏）表现的是正在持渔具准备捕鱼的渔民，其着皂巾，应为半裸上身、下着犊鼻裈、赤足，秋天如此着装值得推敲。上右：《渔村小雪图卷》（局部，北宋王诜，北京故宫博物院藏）中的渔夫们正在水中网鱼，其着笠帽、白色短衣、犊鼻裈，上衣应为圆领，是冬天的典型着装。中左：《渔乐图》（局部，南宋佚名，北京故宫博物院藏）表现了南宋时期的渔民形象，其皂色幞头、小袖圆领白色短衣或裲裆背心，下着白色小口长裤，多赤足。皂巾下的一袭白衣，是春夏季水上职业渔民的常有形象，南北宋类同。中中：《寒江独钓图》（局部，南宋马远，日本东京国立博物馆藏）表现的也是冬季渔民形象，是北宋常有形态。其着皂色抓角巾、皂缘交领白色短衣，下应为白裤赤足，由船篷上放置的蓑笠外搭配件可知其日常工作形象的式样变化。中右：《雪渔图》（局部，北京故宫博物院藏）中的渔夫正在岸上拉拽渔船，着装为南宋冬季形态，其着皂色幞头、圆领白衣、白长裤、草鞋，上衣前后下摆自裆下系结，是一种常用便身处理，与北宋日常相类。下左：《戴雪归渔图》（局部，南宋梁楷〈传〉，美国弗利尔美术馆藏）表现了冬季渔民的另一种形象状态，着蓑笠、短衣，其发髻、内着服饰形态应与中中图相类（上衣或为圆领小袖衣）。下中：《秋江独钓图》（局部，南宋马和之）展现的依然是寒冷季节的渔民形象，但其极可能是一个士大夫所做的渔民扮装。其蓑笠下为灰褐色圆领小袖衣配白裤，也真实反映了渔民服饰形象，可以佐证下左图。下右：《霜浦归渔图》（局部，元代唐棣，台北故宫博物院藏）表现的是元代渔民形象，其着皂巾、白色短衣、白色长裤、缚裤、草鞋，基本也如宋制，反映了渔民形象的延续性，也可佐证渔民服饰的经典内容。

图 3-24（1）采集业农民典型服饰式样图绘

　　此处图绘为野外工作者的着装内容：笠帽、圆领小袖缺胯短衣、小口长裤、单梁帛鞋，整体搭配与一般农民差异不大。其主体色彩可有皂、褐、白等色。

图 3-24（2）采集业农民典型服饰式样图绘

此为桑叶采集者，也因常居家工作，着装与前述图 3-21（3）之式样相类，反映了居家农民的典型形象。此处图绘内容为：缁撮、皂缘交领小袖缺胯短衣、小口长裤、草鞋。其主体色彩可有皂、白等色。

图 3-24（3）采集业农民典型服饰式样图绘

　　此也为野外采集者，图绘内容为：皂色风帽、圆领小袖缺胯短衣、帔领（双层材料，肩头防护）、皂色帛带、白色小口长裤、皂色帛鞋。其主体色彩可有皂、青灰、驼、白等色。

PANTONE 11—0506TPX

PANTONE 11—0601TPX

图 3-24（4）采集业农民典型服饰式样图绘

此图绘形象是深水采集珍珠的工作者，被称为"没人"，着装具有野外采集工作的典型性，显示了水下工作服装的早期特征，外形接近当今同类服装，具有先进的历史意义，特作彩绘。图绘内容为：皂色拖尾皮帽、皂色人形圆领侧开襟分裁连体皮衣、通气锡管、白色帛带、小提篮、吊绳、斧头。对于没人的采珠工作，《天工开物》有描述："舟中以长绳系没人腰，携篮投水。凡没人以锡造弯环空管，其本缺处对掩没人口鼻，令舒透呼吸于中，别以熟皮包络耳项之际。极深者至四五百尺，拾蚌篮中。"[1] 由此可知此套装备对潜水者的保护方式，以及采集者所处的深水状态。其服装以熟牛皮制作，在前后正中、腰部、袖肩、腿部、裆部等多处分割后缝制（或以牛角、牛筋等熬制的胶水粘接）成人形衣片，这里无疑应用了立体结构技术，并采用具有仿生防护价值的皂色染色。同时，其延续了圆领小袖衫的前襟结构，在门襟处以纽系结，在腰部分裁并缝合下身于一体。这是一身具有先进意义的服装。

1 ［明］宋应星：《天工开物：插图本》下卷《珠玉》，扬州：广陵书社，2009 年，第 200 页。

图 3-24（5）采集业农民典型服饰式样佐证图

此处佐证图上左：《清明上河图》（局部，北宋张择端，北京故宫博物院藏）表现了以驴队运输所采集农产品的农民，其着后覆式皂巾（幞巾）、圆领窄袖短衣、腰间扎带，下着小口白裤、练鞋，是经济状况较好的农民代表。上中：来源同上左，其中的采集者着笠帽、白色窄袖短衣（应为圆领）、小口白裤、练鞋。上右：《豳风七月图卷》（局部，南宋马和之，美国弗利尔美术馆藏）所示农民正在采集桑叶以喂养桑蚕。其着缁撮、皂缘交领小袖缺胯短衣、宽松型白裤、草鞋，也是采集类着装典型之一，北南宋均有此形象。下左：《雪山行骑图》（局部，南宋佚名，北京故宫博物院藏）表现了一位冒雪采集柴草的农民形象，其着皂色风帽、灰驼色圆领窄袖缺胯短衣、小口白裤、皂鞋，反映了宋代凉寒季节的采集业着装。下中、下右：《天工开物》中的插图[1]（局部），其采集业者虽为明代形象，但其服饰传承自前朝，且对宋代有较大幅度的复归，基本形制能够有效例证北宋水上采集业者形象。其着头巾或束髻（明代野外多见），着交领小袖缺胯白色短衣、皂色或浅色腰带、小口长裤、皂鞋。下右图中的形象被称为"没人"，是专职于潜水采集珍珠的职业者，其专业服装具有十分职业化而独特的面貌。中华珍珠采集应用历史在世界上最为悠久，《诗经》《尔雅》《易经》均有记载，那么与此类似的职业服装也应早有应用，如图装备最早应在唐代产生。该类服装修身紧体，可能应用了具有一定弹力的动物熟皮材料（有称多为牛皮），以立体结构设计与剪裁技术制作成形（从战国时期裤腰省道、素纱交领衣省量处理、金缕玉衣立体结构技术等可证明我国古代立体技术的成熟度），其水下便捷与生命保障之功效应较为突出。

---

1 ［明］宋应星：《天工开物：插图本》下卷《珠玉》，扬州：广陵书社，2009 年，第 206 页。

（四）销售业农民

　　北宋生产技术的进步使生产效率大大提升，农产品有了大量剩余。在城市商业带动下，农商业飞速发展，一些农民逐渐转变为中介商或自营商，使剩余产品顺利变现，农民们因此获得了更多可用于改善生活的经费，这大大促进了农业劳动和农产品商品化的积极性。《东洋的近世：中国的文艺复兴》对此评析："因为有利可图，农户在选择经营种类时……从一开始就有着商品生产的意识。选择最适合于自家田地的作物种类进行专业化生产……"[1]如此一来，拥有商业意识的农民群体逐渐壮大，成长为一个职业化群体——农商。这个职业群体会"约定时日在交通便利之处举行的自由市集"[2]设置固定的店铺，逐渐成就乡间草市，还会在城市周边及市内摆摊设点，或作为流动商贩售卖剩余农产品。其形象在《清明上河图》中多见（见图3-25）。

图 3-25（1）销售业农民典型服饰式样图绘

　　这是一种担贩类农民形象，图绘内容为：皂色裹髻、裲裆衫、小袖外衣（裹腰）、短裤（内着）、围裳（下摆提扎腰间，农民中较为少见的下装）、帛鞋。其主体色彩可有皂、褐、白等色。

1　宫崎市定：《东洋的近世：中国的文艺复兴》，砺波护编，张学锋、陆帅、张紫毫译，北京：中信出版社，2018年，第35页。

2　宫崎市定：《东洋的近世：中国的文艺复兴》，砺波护编，张学锋、陆帅、张紫毫译，北京：中信出版社，2018年，第36页。

PANTONE 11—0506TPX

PANTONE 11—0601TPX

图 3-25（2）销售业农民典型服饰式样图绘

　　这是典型的担贩类农民形象，图绘内容为：皂色后束髻头巾、白色小袖缺胯圆领衫（下摆提扎腰间）、白色小口裤、草鞋、行囊（裹系腰间）。这是较为齐整的销售业农民套装，其腰间所系行囊是不可缺少的钱物盛装用物，通体白衣也是该阶层最常见的着装，典型性强，特作彩绘。其主体色彩可有皂、白等色。

图 3-25（3）销售业农民典型服饰式样图绘

　　这是一种通行于农田、市井的担贩类典型农民形象，图绘内容为：笠帽、白色小袖缺胯圆领衫（中单）、小袖圆领外衣（裹扎腰间）、白色小口裤、线鞋。其主体色彩可有褐、白等色。

图 3-25（4）销售业农民典型服饰式样佐证图

此处佐证图均为《清明上河图》（局部，北宋张择端，北京故宫博物院藏）。上左：孙羊正店门前售卖农产品（应为香椿，是宋代流行的时令食材）的农民着皂巾、白色背心（裲裆衫），皂衣裹腰，下着白色短裤，是典型的流动农商形象。上中：与上左农贩相邻的一位，着装稍有不同。其束丫髻（宋代隐士或青年男子常束丫髻），着白色裲裆衫、白围裳（下摆提扎腰间），腰间裹扎皂衣，足着练鞋。上右：售卖内容与其左侧两图相同，但着装不同。其着皂巾、白色窄袖短衣、腰带、短裤，是另一种农贩形象。下左：这是一个挑担农贩，其皂巾、白色窄袖短衣（下摆提扎腰间）、白色小口长裤、草鞋，腰间裹扎行囊。这是郊外农商常有形象，着装局部、细节不同于市内农贩，或许因市场规范和实用要求，足服等局部须有统一形象。下中：也是一流动担贩，着笠帽、白衣长裤、草鞋，腰间裹扎皂色外衣，其白上衣应为中单。下右：这位担贩着装齐整，着皂巾、皂色小袖交领短衣、腰带、白色小口长裤、草鞋。

由以上可见，同一个季节的农贩，因首服、足服、袖子、裤长的不同，其形象便演化出较为多样的形态，其间当然也暗含着一些行业规矩。总体讲，农商类农民与种植业农民服饰形态相近，但前者衣着的细节形制更受约束。

本部分图绘再现农民职业服饰不同式样共计 24 套，其中最具代表性式样共计有 4 套。农民虽然处于平民阶层中的重要位置，但职业形象并不稳定，多样化特征较为突出，所以此处仅对部分较具有职业特性的内容进行了系列展现，并探索了其中的经典细节，具体见表 3-3。

表 3-3　农民职业服饰细节经典提纯

图别	图例		说明
首服			草编笠帽、后束髻皂色头巾是农民标志性首服，而没人首服则是专业特征鲜明的经典。具体见图 3-20 (8)、图 3-23 (4)、图 3-24 (4)、图 3-25 (2)。
上衣			后衣摆卷搭于腰带、交领缺胯短衣、蓑衣、皮制紧身潜水衣等都值得关注。具体见图 3-20 (8)、图 3-21 (3)、图 3-23 (4)、图 3-24 (4)。

图别	图例	说明
下装		七分效果的小口长裤、不及膝的短裤、犊鼻裈、紧身连体裤等是下装经典。具体见图 3—20 (7)、图 3—20 (8)、图 3—23 (1)、图 3—24 (4)。
足衣		棕鞋、麻鞋、帛履、连体皮履、草鞋等是农民的经典足衣。具体见图 3—20 (4)、图 3—21 (3)、图 3—24 (3)、图 3—24 (4)、图 3—25 (2)。

　　表 3-3 集中展示了北宋农民职业服饰局部的经典细节，其中的笠帽、缺胯短衣、犊鼻裈、平角短裤、小口长裤等虽然在其他阶层也有应用，但农民阶层多率先应用且发展最为成熟，后世传承极为广泛，紧身皮制潜水服更成为后世蓝本。农民类职业服饰系统可由表 3-4 予以概念化认知。

　　农民职业服饰虽然多种多样而未有定式，职业特色缺少凝聚，但却奠定了广大平民职业服饰发展的形制基础，在工商等多个行业影响深远，成为平民阶层服饰概貌的缩影。

表 3-4　农民代表性职业服饰谱系

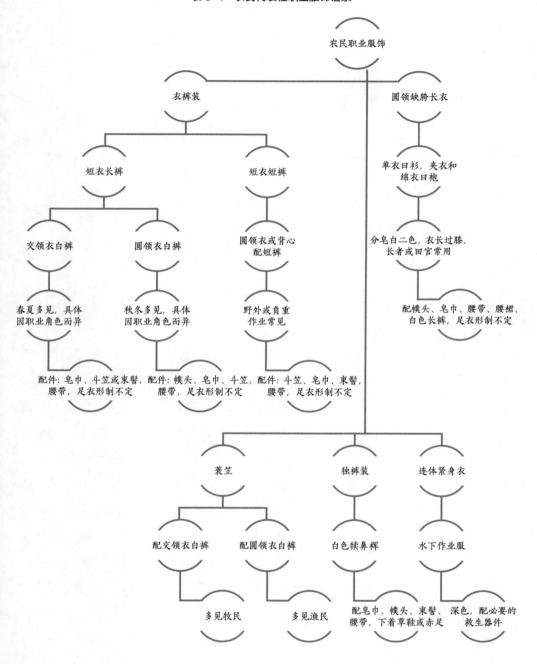

　　衣裤装为本谱系代表性职业服饰中的核心形制，几乎可以涵盖所有农民职业，一年四季均可用，但具体结构、部件细节会因岗位和环境条件的不同而有差异。蓑笠也是农民在野外作业中常用的服饰，常搭配衣裤装使用，其中的笠帽形制多有变化。其他服饰虽非农民主体，但在形制上也显示了一定的农民特色，或随着行业变迁而成为影响深远的职业服饰蓝本。

工人

北宋社会生产力发展水平较高，商业普遍繁荣，有赖于工人阶层的巨大贡献。特别是北宋中后期，随着北宋科技人员的积极探索与新型工业器具的研发突破，以及煤炭技术的成熟应用，金属冶炼也进入新阶段，铁器应用流行[1]，出现了大型水利设施[2]，工业生产及相关服务性产业受到大幅刺激，规模被迅速扩张，大量的新型职业化工人进入工作岗位，中国封建生产似乎在此时"脱离了家庭手工业的阶段，堪称近世资本主义式的大企业生产"[3]，技术或劳动力服务业也有了新的升级。此时，工人阶层分化出了各类职业化程度极高的角色，有传统的手工技术类工匠、使役业力夫，也有批量生

1 官崎市定：《东洋的近世：中国的文艺复兴》，砺波护编，张学锋、陆帅、张紫毫译，北京：中信出版社，2018 年，第 239 页。

2 吴钩：《风雅宋：看得见的大宋文明》，桂林：广西师范大学出版社，2018 年，第 380—389 页、第 503 页。

3 官崎市定：《东洋的近世：中国的文艺复兴》，砺波护编，张学锋、陆帅、张紫毫译，北京：中信出版社，2018 年，第 39 页。

产线上的新型职业工人等，他们被分散于居民服务业、交通运输业、生产制造业等多类行业。

（一）手工技术类工匠

手工业是传统类别的工业范畴，在宋代也有新的发展，技术有进步，生产领域更广泛，木工、铁工、纺织工、刺绣工等类别中新的发明创造越来越多，这都刺激了各类工业行业的进步。该行业人员会以个体和大型集体两种作业方式进行工作，此处主要探讨其在个体方式中的着装。

此时期，借用当今概念，被称为第三产业类的技术服务、劳力服务等职业工人也因市场的细分而大量涌现。《东京梦华录》中记载："若养马，则有两人日供切草；养犬，则供饧糟；养猫则供猫食并小鱼。其锢路、钉铰、箍桶、修整动使、掌鞋、刷腰带、修幞头帽子、补角冠、日供打香印者，则管定铺席人家牌额，时节即印施佛像等。其供人家打水者，各有地分坊巷，及有使漆、打钗环、荷大斧斫柴、换扇子柄、供香饼子、炭团，夏月则有洗毡、淘井者，举意皆在目前。"[1] 又载："倘欲修整屋宇，泥补墙壁，生辰忌日，欲设斋僧尼道士，即早辰桥市街巷口皆有木竹匠人，谓之杂货工匠，以至杂作人夫，道士僧人，罗立会聚，候人请唤，谓之'罗斋'。竹木作料，亦有铺席。砖瓦泥匠，随手即就。"[2] 可见人们生活中时时处处有技工人力可雇。

---

1 ［北宋］孟元老：《东京梦华录：精装插图本》，北京：中国画报出版社，2013年，第62页。
2 ［北宋］孟元老：《东京梦华录：精装插图本》，北京：中国画报出版社，2013年，第72页。

在手工业、服务业的繁荣之下，市场管理规范更显重要，其从业者的职业服饰便作为管理工具之一被进一步强化，相比以往有了新的发展（见图3-26）。

PANTONE 18-1033TPX

PANTONE 18-1235TPX

PANTONE 19-0506TPX

PANTONE 11-0601TPX

图 3-26（1）手工技术类工匠典型服饰式样图绘

这是手工技术类工匠的代表角色之一刀镊手作人的形象图绘，其主体色彩具有突出的行业特征，特作彩绘。图绘内容为：后束髻皂色系带巾、红褐色圆领小袖中单（卷袖口）、灰褐色外套（围裹腰间）、白色交领内衣、小口白裤、专业修面刀。由此职业的专业化可以看出宋人对形象的重视度。

图 3-26（2）手工技术类工匠典型服饰式样图绘

此处图绘内容为：缁撮、皂缘交领缺胯短衣、交领中单、皂色帛带、小口白裤、线鞋。整体配套与前述居家农民工作者几乎一致。其主要色彩为皂白二色。

图 3-26（3）手工技术类工匠典型服饰式样图绘

这是一种职业木匠形象，其图绘内容为：皂色后束髻小裹巾、皂缘交领缺胯短衣、交领中单、皂色帛带、小口白裤、行縢、草鞋。其中行縢装束暗示了工作场合应为崎岖不平、颇费脚力之地。整体配套与农民的某些场合着装相类，可见农民服饰影响广泛。其主要色彩为皂白二色。

图 3-26（4）手工技术类工匠典型服饰式样佐证图

此处佐证图上排均源自《清明上河图》（局部，北宋张择端，北京故宫博物院藏）。上左：为一刀镊手作人（刀镊工），其裹皂巾，着红褐色小袖上衣（应为中单），腰间围裹外衣，下着白色小口长裤，红褐色应为美容类职业色彩。上右：是一个木作现场，两木工均着皂巾，上衣或白色小袖交领短衣或裲裆衫，或提摆扎腰或外衣裹腰，下着白色小口长裤、帛鞋。下左、下右：均为《豳风七月图卷》（局部，南宋马和之，美国弗利尔美术馆藏）中的木匠形象，其着缁撮或裹巾、皂缘交领小袖短衣，白裤散口或扎绑腿，穿线鞋或草鞋。这应是乡间木匠，也是宋代木匠着装的一种代表式样。

上述职业中，有的职业服饰角色特征鲜明，而有的更具一般劳动者的共性，这是其工作性质及所在环境条件决定的。

（二）使役业力夫

如前述，《东京梦华录》记载北宋人力市场有"供人家打水者""杂作人夫"等均可候人请唤，"更有百姓入酒肆，见子弟少年辈饮酒，近前小心供过使令，买物命妓，取送钱物之类，谓之'闲汉'。"[1] 还可见《清明上河图》中酒店雇佣的大量伙计，汴河边上被雇佣的纤夫、搬运工等，都说明北宋人力市场成熟，为百姓生活及工商业发展提供了极好的保障。力夫类服饰有着独特的实用性形制，具体可见图 3-27~ 图 3-33。

PANTONE 19—0506TPX

PANTONE 18—0513TPX

PANTONE 11—0601TPX

图 3-27（1）挑夫典型服饰式样图绘

挑夫在封建社会十分普遍，为商业的繁荣做出了巨大贡献。这里是北宋挑夫极具代表性的服饰式样图绘，特作彩绘。其套装具体图绘内容为：裹髻小皂巾、白色裲裆衫（也称两裆，其"裲"为古体字，当今也可用）、深灰褐色外衣（小袖圆领缺胯短衣）、白色缚裤、草鞋。其裲裆衫款式多样，但其前身、侧身均不缝合，单幅制作而无中缝。此款为前襟系带，侧身前后衣片以横宽带缝连，衣身长至臀围线下。

1　［北宋］孟元老：《东京梦华录：精装插图本》，北京：中国画报出版社，2013 年，第 34—35 页。

图 3-27（2）挑夫典型服饰式样图绘

这是又一类挑夫形象，其套装图绘内容为：裹髻小皂巾、小袖圆领缺胯不及膝短衣（中单外穿）、小袖圆领缺胯至膝外衣（围裹腰间）、白色交领内衣、白色小口长裤（裤长因麻质特性而上缩，呈现七分至九分裤效果）、系带帛鞋。其主体色彩为皂、褐、白等色。

PANTONE 19—0506TPX

PANTONE 18—0513TPX

PANTONE 11—0601TPX

图 3-27（3）挑夫典型服饰式样图绘

　　这是北宋时期一种十分典型的、受雇于上流社会的挑夫形象，特作彩绘。其套装图绘内容为：后束髻皂色裹巾、白色小袖圆领缺胯不及膝短衣（中单外穿）、深灰褐色小袖圆领缺胯至膝外衣（围裹腰间）、白色交领内衣、白色麻质小口长裤（七分裤效果）、草鞋。可见春秋季将外衣围裹腰间的方式是挑夫常见着装，当然这种方式在市井多类职业都有所体现，只是细节存在差异。

图 3-27（4）挑夫典型服饰式样佐证图

此处佐证图均来自《清明上河图》（局部，北宋张择端，北京故宫博物院藏）。左一：该挑夫束髻，着裲裆衫、小袖短衣（裹腰）、白色小口长裤、草鞋，是挑夫的常见形象。左二：也是一个束髻挑夫，其上穿圆领小袖短衣，腰间裹扎深色小袖短衣，下着白色小口长裤、草鞋。可见平民内衣还有非白色小袖圆领短衣式样。左三：该挑夫着皂色抹额、裲裆衫、小袖短衣（裹腰）、白色小口齐膝短裤，足衣应为草鞋，与左一相似，也是挑夫的常见形象。左四：这是一个衣冠整齐的挑夫，是市内追随体面人物（士大夫、儒生等）担货的挑夫，其着皂巾、小袖短衣、小口长裤、系带帛鞋。

图 3-28（1）闲汉典型服饰式样图绘

闲汉也是一类雇工，特指民间无技能特长者，包括懒散游荡的普通百姓和前述一般士人中供士大夫或豪门大户消遣的业绩平者（类似门客）。《都城纪胜》以"闲人"之称记述曰："有一等是无成子弟失业次人，人颇能知书、写字、抚琴、下棋及善音乐，艺俱不精，专陪涉富贵家子弟游宴，及相伴外方官员到都干事。"[1] 此类士人与今天的陪聊、陪游、经纪人等职业相似，其形象可见图3-12。此处仅以非士人之闲汉作图绘再现，即皂巾小袖圆领短衣。该图绘内容为：后裹髻皂巾、小袖圆领缺胯不及膝短衣、小口白裤、白色帛鞋，是供雇于大家富户、体面讲究的闲汉形象。其主体色彩为皂白二色，而以白色为主。

1　上海师范大学古籍整理研究所编：《全宋笔记》第 8 编第 5 册，郑州：大象出版社，2017 年，第 19 页。

图 3-28（2）闲汉典型服饰式样佐证图

　　此处佐证图均来自《清明上河图》（局部，北宋张择端，北京故宫博物院藏）。左：该人物着皂巾、白色圆领小袖短衣、白色小口长裤、练鞋。右：其人物形象着皂巾、白色或灰褐色圆领小袖短衣、白色小口长裤、练鞋。可见闲汉之类穿着相对整体讲究，这或是因需讨人喜欢。

图 3-29（1）轿夫典型服饰式样图绘

　　北宋平民轿夫有私有轿夫与供雇轿夫两类，其服饰式样因局部不同而显得较为丰富。此处图绘形象为供雇轿夫，着皂色后裹髻系带巾、小袖圆领缺胯短衣、小袖交领无衩内衣、小口麻质长裤（七分效果）、草鞋、行囊（裹扎在腰部）。其行囊即钱物收纳用具，是供雇标识之一。整体色彩可有皂、褐、白等色。

图 3-29（2）轿夫典型服饰式样图绘

　　此处也是供雇轿夫，穿着稍显随意，属于廉价轿行的从业者。其图绘的具体内容为：后束髻小皂巾、小袖圆领缺胯短衣（领口散开）、缺胯内衣、小口麻质长裤（九分效果）、草鞋、行囊（裹扎在腰部）。整体色彩可有皂、褐、白等色。

图 3-29（3）轿夫典型服饰式样图绘

　　这是大户人家的私有轿夫，穿着较为规范，其图绘的具体内容为：皂色系带后裹髻头巾、小袖圆领无衩不及膝短衣（中单）、小袖圆领缺胯外衣（围裹腰间）、白色交领内衣、小口麻质长裤（七分效果）、草鞋。私家轿夫不做经营，无须行囊。整体色彩可有皂、褐、白等色，褐色可同时应用于内外衣，较普遍。

图 3-29（4）轿夫典型服饰式样图绘

　　这是远途马夫及轿夫共有的形象，其图绘的具体内容为：皂色系带后覆髻头巾、前系带式裲裆衫、小袖圆领缺胯外衣（围裹腰间）、小口麻质长裤、草鞋。裲裆衫是远途劳作的工人常见的内衣，草鞋还在工人阶层中被普遍应用。整体色彩可有皂、褐、白等色。

图 3-29（5）轿夫典型服饰式样佐证图

　　此处佐证图均出自《清明上河图》（局部，北宋张择端，北京故宫博物院藏）。上左：高级轿行的出租类轿夫，着皂巾、白色圆领小袖短衣、行囊（裹腰）、白色小口长裤、草鞋或帛鞋，其中右侧轿夫所着上衣看似交领，其实为圆领散开反驳式样，这在《清明上河图》的多数职业中常见。上中：普通轿行的出租类轿夫，着皂色束髻巾、白色圆领小袖短衣（衣领散开呈交领状）、行囊（裹腰）、白色小口长裤、草鞋。上右：前行轿夫着皂巾、灰褐色圆领小袖短衣、灰褐色外套（下摆裹腰）、白色小口长裤、草鞋，一旁的侍从也属于人夫类，着皂巾、灰褐色圆领小袖短衣（散摆）、白色宽口长裤，足衣应为练鞋，其着装虽也为下人形制，但与轿夫却有较多不同，突出了轿夫着装的特征。下左：轿夫着皂巾、褐色圆领小袖短衣、红褐色外套（裹腰）、白色小口长裤、系带帛鞋，这应是士大夫或豪门大户家的私有轿夫，其中单也是褐色，最内里的贴身衣为白色交领，这可从下中图左侧侍从着装中引证。下中：画面左侧着皂巾并外裹红褐色外套者与下左图相同，均为大户人家的轿夫形象，着装规范性强。其对面着白色裲裆衫者为马夫形象，是出租坐骑者，其内衣与轿夫差异大，由此显示了两者身份的不同。下右：这里的轿夫着装与下中图的马夫形象近似，着皂巾、裲裆衫，而下身着短裤、草鞋，腰裹褐色外衣。这是乡间的普通轿夫形象。综合来看，轿夫少有行滕、膝裤类服饰，可见乘轿者多为短途旅行者。

图 3-30（1）脚夫典型服饰式样图绘

　　脚夫是古代社会的重要人力，类别多样，包含车夫、牛夫、马夫、驴夫、驼夫、搬运工等。图为车夫，是大户人家雇佣的人力类，具有典型的职业特征。其图绘内容为：笠帽、圆领小袖缺胯外衣（上半身围裹腰间）、圆领小袖缺胯中单（袖管卷起）、交领内衣、长裤缚裤、草鞋、肩负车带。整体色彩可有灰褐、白等色。

图 3-30（2）脚夫典型服饰式样图绘

这是一位短途服务中的市井车夫，其图绘内容为：皂巾、圆领小袖缺胯外衣（上半身垂裹腰间）、小袖圆领无祆短中单（衣领散开，袖管卷起）、白色小口长裤、草鞋。整体色彩可有皂、白等色，白色为主体色。

图 3-30（3）脚夫典型服饰式样图绘

　　这是一位服务于大型货商的远途车夫，其图绘内容为：后束髻皂巾、圆领小袖缺胯外衣（上半身垂裹腰间，前后下摆提扎于腰带）、小袖圆领无衩短中单、白色小口长裤（缚裤）、草鞋、行囊（裹扎腰间）。整体色彩可有皂、白等色，白色为主体色。

PANTONE 19—0506TPX

PANTONE 17—1107TPX

PANTONE 11—0601TPX

图 3-30（4）脚夫典型服饰式样图绘

　　这是典型的长途运输车夫形象，着装细节的情节性强，阶层代表性十分突出，特作彩绘。其图绘内容为：后覆髻系带皂巾、灰褐色小袖短衣（左袖褪裹于腰间，右袖管卷起）、白色窄帛带、白色褊裆内衣（前侧襟均以横带缝连，可套头穿着）、白色系带式齐膝束口短裤、灰褐色行縢、草鞋。

图 3-30（5）脚夫典型服饰式样图绘

这是牛夫（脚夫的一种）的代表形象，其图绘内容为：后裹髻小皂巾、小袖圆领缺胯长衣（领口外翻，前衣摆两角提起扎腰）、圆领小袖内衣、帛带、白色小口长裤、线鞋。此类着装多见于老年脚夫，其长衣方式与牛车行进的慢方式相适宜。其色彩多为皂白二色，以白色为主体。

图 3-30（6）脚夫典型服饰式样图绘

　　这是搬运工（脚夫的一种）的代表形象，其图绘内容为：后覆髻皂巾、小袖圆领缺胯至膝短衣（领口外翻、下摆缩提扎腰）、犊鼻裈、帛带、草鞋。其色彩多为皂白二色，以白色为主体。

图 3-30（7）脚夫典型服饰式样图绘

　　这是另一类搬运工代表形象，其图绘内容为：小袖圆领缺胯外衣（衣摆卷裹腰间）、小袖交领缺胯短中单、白色小口长裤、草鞋、货袋等。其所着首服应为与此套装相符合的皂色裹巾。其色彩多为皂、褐、白等色。

PANTONE 19-0506TPX

PANTONE 11-0601TPX

工人

图 3-30（8）脚夫典型服饰式样图绘

　　这也是搬运工的代表形象，着装细节鲜明展现了其职业特性，特作彩绘。其图绘内容为：后裹髻小皂巾、前系带裲裆衫（前后衣摆卷扎腰间）、帛带、白色小口缺胯长裤（缚裤，腰侧有缺口以调节松紧，具体见其右下平面结构图）、系带帛鞋，可见裲裆、缚裤在该阶层被广泛应用。

百工百衣

风尚图绘再现

工人

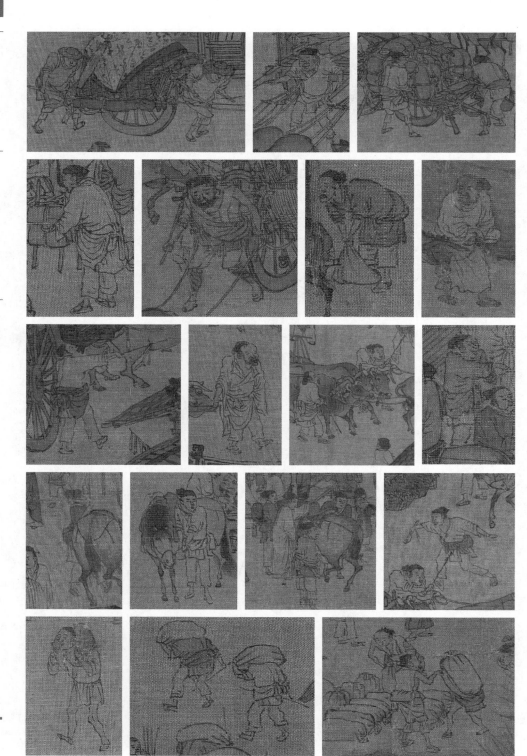

图 3-30（9）脚夫典型服饰式样佐证图

此处佐证图均来自《清明上河图》（局部，北宋张择端，北京故宫博物院藏），共有五排。

第一排左：两车夫头着笠帽、浅褐或白色圆领小袖短衣，袖管卷起，腰间应扎有腰带，下摆提起裹扎于腰部，下着白色小口长裤（缚裤）、草鞋，是车夫典型着装式样，中：该车夫着皂巾、白色圆领小袖短衣（衣领散开），下摆提起吊挂于腰带，下着白色小口长裤、草鞋，此应为短途市井车夫；右：与左图相似，只是首服为皂巾，腰间还裹扎了行囊。

第二排左一：这是一个驮运货物的驴夫形象，其着装与第一排中图类似，只是腰间裹扎了外衣，足衣应为帛鞋；左二：这是一个长途运输货物的车夫，其皂巾、褐色小袖短衣，左肩褪去外衣而露出白色裲裆内衣，下着白色长裤、行縢、草鞋；左三：为一受雇驴夫，其着皂巾、青灰色小袖短衣、白色长裤、行縢、帛鞋；左四：这是乡下受雇的老驴夫，其着缁巾、白色小袖圆领过膝长衣、白色小口长裤、线鞋。

第三排左一：这是一个牛车夫，着皂巾、白色圆领小袖短衣，褐色外衣围裹于腰间，下着白色小口长裤、帛鞋，此应为市井车夫春秋季节的着装常态；左二：这位牛夫与第二排左四驴夫着装相类，只是做了领口散开、下摆提扎腰间的不同着装方式，应为老年脚夫的典型形象；左三：也是牛夫形象，着装类似于该排左二，只是其首服为皂裹巾，腰间裹扎了白色长外套；左四：为一驼夫形象，其着皂巾、灰褐色小袖圆领短衣、白色中单、白色长裤，上衣下摆提扎腰间，为一般脚夫的常见形象。

第四排左一：为马夫形象，与第三排左四形象相似，内衣应为白色交领齐膝短衣，腰间也应围裹褐色外套；左二：该马夫着皂巾、白色小袖圆领短衣（衣领散开）、白色小口长裤、练鞋，白色外套围裹腰间；左三：其中马夫形象与左一相类；左四：其马夫着应与第三排左一相类。

第五排左：这是市井搬运工形象，其着皂巾、圆领小袖缺胯短衣、短裤、草鞋；中：这是按件计酬的码头搬运工，依着装形制判断其应着皂巾、体服应为小袖圆领短衣、白色小口长裤、草鞋，腰间裹着褐色或白色外套，中单色彩也不同；右：也是码头搬运工，但与中图不同，也不同于市井搬运工，其皂巾裹首或小皂巾束髻，均着裲裆衫，或有外衣裹扎腰间，下着长裤并缚裤或短裤。这些力夫角色虽然具体不同，但均为脚夫大类，形象相近，只是具体着装细节有所不同。总体看，草鞋在这个群体依然是主要足衣。

图 3-31（1）纤夫典型服饰式样图绘

　　纤夫着装与一般力夫相近，但具有典型的野外工作特征。此图绘内容为：草编笠帽、蓑衣、小袖短衣、小口长裤（缚裤）、草鞋。这与渔夫常有蓑笠套装相近，但在缚裤等细节上有所不同，是职业特性所在。其整体色彩以白色为主体。

图 3-31（2）纤夫典型服饰式样佐证图

此处佐证图均来自《清明上河图》（局部，北宋张择端，北京故宫博物院藏）。左：左上纤夫着笠帽、圆领小袖短衣、草鞋，右下纤夫着皂巾，其他衣式与左上相类，两者腰间均系带。右：该画面纤夫均着笠帽，有的配襄衣，有的则为普通短衣，其长裤应为缚裤方式，足衣应为草鞋。纤夫着装（含外套）都是白色短衣，这应与其工作规范一致。

图 3-32（1）船夫典型服饰式样图绘

船夫着装与一般力夫类似，此处图绘内容为：皂色后束髻头巾、小袖圆领缺胯短衣（衣摆缩提并于腰部束扎）、小袖无衩内衣、小口长裤（缚裤）、帛鞋。主体色彩为皂、褐、白等色。

图 3-32（2）船夫典型服饰式样图绘

　　这是一位职业特征鲜明的船夫，其着装图绘内容为：皂色后束髻头巾、裲裆短衫、宽松犊鼻裈、赤足。其中，裲裆衫相较其他人工所着要短小一些，反映了船夫独特的工作诉求。主体色彩为皂、白等色。

图 3-32（3）船夫典型服饰式样佐证图

此处佐证图上排均自《清明上河图》（局部，北宋张择端，北京故宫博物院藏）。

第一排：左：该船夫着皂巾、白色圆领小袖短衣、白色长裤、练鞋，上衣摆提起扎腰，衣领散开，是船夫的闲散着装方式，这应是大型船只船夫的常有形象。右：同样是汴河大型船只的船夫，均着皂巾、褐或白色小袖圆领短衣、白色长裤或缚裤、练鞋，有的将褐色外衣裹于腰间，有的提摆扎腰。

第二排：左：众船夫衣式与第一排右图相类，说明这类巾、衣、裤、履完整的造型是大型船只船夫的规范着装。右：《闸口盘车图》（局部，北宋无款，上海博物馆藏）中的船夫，左上人物着皂巾、小袖圆领短衣（领口散开）、长裤，与第一排例图大多相类，右下人物则着便利性着装，为皂巾、小款裲裆衫、犊鼻裈、赤足，与该图中其他劳力着装相类。

第三排：左：《归去来辞书画卷》（局部，南宋佚名，美国波士顿美术馆藏）中的船夫，其束髻，着犊鼻裈，与第二排右图相比较判断，其应是小舟之船夫常态。右：《游春图》（局部，隋代展子虔，北京故宫博物院藏）中的游船右端是一船夫，其着皂色幞头、白色小袖圆领短衣、白色长裤、练鞋，为隋唐时期常有的游船类船夫，着装较为讲究，在北宋初期也有流行。借此系列图判断，北宋规模性运输业中的船夫着装是较为完整、体面的。

PANTONE 19—0506TPX

PANTONE 16—5904TPX

PANTONE 11—0601TPX

图 3-33（1）其他人夫典型服饰式样图绘

　　其他人夫类别依然较多，其中代表性的有打水人、杂工、火家等，此处为其中最具代表性的式样图绘：后裹髻式皂巾、白色小袖圆领短衣（衣领散开，袖管卷起，下摆上提并系结腰间）、白色开裆至膝短裤、青灰色腰帕、青灰行縢、练鞋。这里的腰帕、行縢、开裆裤等部件构成的制式组合内容是颇为讲究的职业套装，具有人夫类职业代表性。

图 3-33（2）其他人夫典型服饰式样佐证图

　　此处的佐证图左、中：均自《清明上河图》（局部，北宋张择端，北京故宫博物院藏），分别为《东京梦华录》所载"供人家打水者"、茶馆杂工。打水者着皂巾、白色圆领小袖短衣（衣领散开）、齐膝小口开裆短裤、行縢、练鞋，腰间裹扎浅青灰腰帕，是市井间职业化特征突出的典型配套，这位杂工着皂巾、裥裆衣、长裤、练鞋，与右侧茶馆忙碌中的小二穿着相类，但具体角色应不同。右：为《水浒传》第十一回（插图局部）中的出殡画面[1]，其中抬棺材者被称为火家（也称伙计），是宋明时期专门从事尸体收殓工作的职业者。其着抓角巾或上束髻头巾（可称敛巾）、交领皂缘小袖短衣、长裤或缚裤、皂鞋，腰间扎带，是画家受明清着装习惯影响而表现的平民着装，但在基本服式上也反映了宋代人工巾裹短衣的特征。相较而言，北宋火家着装更多地延续唐代平民习惯，应着皂巾、圆领小袖短衣、小口长裤、练鞋。

　　人力杂作类别十分多样，其着装形态也多有类似，但从细节上依然可做区别。此处仅做代表性列举再现，也较全面解读了北宋该类行业的着装形态与文化特征。

（三）生产制造业工人

　　宋代制造业相比以往有了本质性、变革性演进，大工业生产得到发展，其工人所着服装服饰形态已经不同以往，有了较为突出的特色（见图 3-34～图 3-35）。此类工人主要是指封建农庄、水力磨坊、缫丝纺织、印刷出版等大型生产机构中的工人。其工作有着严格的管理规范，着装也具有较高职业化水平，具有更突出的工人职业形象代表性。

1　刘洁：《水浒传》第十一回《武都头怒杀西门庆》，于绍文绘画，北京：海豚出版社，2017 年，第 38 页。

PANTONE 18-1235TPX

PANTONE 19-0506TPX

PANTONE 11-0601TPX

图 3-34（1） 大型水磨力夫典型服饰式样图绘

大型水磨工作环境中的力夫着装也较为多样，但犊鼻裈之类与前述船夫相类，不做研究。此处将另一种典型给予呈现，并作彩绘，具体内容为：后束髻皂巾、红褐色小袖圆领缺胯短衣（下摆提扎腰间）、白色小袖圆领短中单、白色开裆长裤（缚裤，具体结构见其右下展开图，其开裆底部缝制的三角形小裆值得关注）、白色帛带、白色犊鼻裈、系带练鞋。此配套式样呈现了几类经典内容，如窄形犊鼻裈、小口袴并缚裤、上衣提摆扎腰等。特别是开裆裤的结构值得研究，其腰部的缩褶（省道功能）、后开裆顶部的部分不缝腰设计、裤片缝合线偏后处理等，具体见展开结构图。

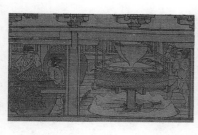

图 3-34（2）大型水磨力夫典型服饰式样佐证图

此处佐证图均自《闸口盘车图》（局部，北宋无款，上海博物馆藏）。左：左侧二人应为工头，其着皂巾、圆领白衣或红褐衣、白裤、练鞋（白色线鞋），右侧一苦役则为皂巾、白色犊鼻裈。中：力役着皂巾、白色裲裆衫或红褐小袖衣、配袴（偶有缚裤）、练鞋。着过膝长衣并内套绯色腰裙者应为工头。右：其中力役多着皂巾、裲裆或红褐色小袖衣、犊鼻裈或配袴（开裆裤）抑或缚裤、练鞋或赤足。这应是北宋初中期官方劳动场合的人力形象典型。

PANTONE 19—0506TPX

PANTONE 11—0601TPX

图 3-35（1）大型工场人力典型服饰式样图绘

大型纺织和农庄机构雇佣人力工作性质均为轻工类，着装相近，此处以彩绘形式再现了其中最具代表性式样：前系宽带式后裹髻皂巾、白色小袖交领缺胯短衣（下摆扎腰）、白色小口长裤、白色帛带、赤足。这是一种十分实用的着装式样，特别是上衣摆扎系于裤腰的方式非常经典，是宋代服饰"近世化"特征的典型。

图 3-35（2）大型工场人力典型服饰式样佐证图

　　其佐证图上左：《蚕织图》（局部，南宋楼璹，黑龙江省博物馆藏）中的工作场景，其表现的人物应为官营缲丝机构人力，其中的男工着皂巾、交领小袖白衣（或衣摆束入裤腰）、白腰带、小口白裤、练鞋或赤足。上右：《蚕织图卷》（局部，南宋梁楷，日本东京国立博物馆藏）中的男工着缁巾、多色小袖交领短衣、腰带、白裤、练鞋或赤足，应为民间缲丝机构私工。下左：《耕获图》（局部，南宋杨威〈传〉，北京故宫博物院藏）中的农庄工人，着束髻皂巾、小袖短衣或赤膊、齐膝短裤或犊鼻裈、赤足或草鞋，应为普通私营庄园人力。下右：《摹楼璹耕图》（局部，元代程棨，美国弗利尔美术馆藏）中的农庄人力，工头与力工着装均类同于上右图，应为官营农庄机构的形象。作为元代作品形象却十分相合于南宋，两者间的传承性较为突出。总结而言，上述佐证图中的交领较为多见。

　　基于以上，本部分图绘再现工人职业服饰不同式样共计 25 套，其中最具代表性式样共计有 8 套。工人阶层是百工中最具代表性的群体，其服饰因具体岗位差异各有特色，式样个性鲜明，其中所蕴含的经典元素较多，具体如表 3-5 所示。

表 3-5　工人职业服饰细节经典提纯

图别	图例	说明
首服		后裹髻皂巾、束髻小皂巾、后束髻皂巾、后覆髻皂巾是首服经典式样。具体见图 3-26 (1)、图 3-27 (1)、图 3-32 (2)、图 3-35 (1)。
上衣		红褐色中单外裹褐色外套、裲裆衫外垂裹外套、偏袒左肩并内搭裲裆衫、单挂裲裆小衣、小袖衣外裹腰帕、小袖中单扎摆于裤腰等是该职业的经典着装方式，且影响其他行业。具体见图 3-26 (1)、图 3-27 (1)、图 3-30 (4)、图 3-32 (2)、图 3-33 (1)、图 3-35 (1)。
下装		裤腰开胯、宽松犊鼻裈后扎带、开裆小口至膝短裤配行縢、开裆小口长裤缚裤等展现了力夫着装的经典设计，辐射国内外多个行业。具体见图 3-30 (8)、图 3-32 (2)、图 3-33 (1)、图 3-34 (1)。

图别	图例	说明
足衣	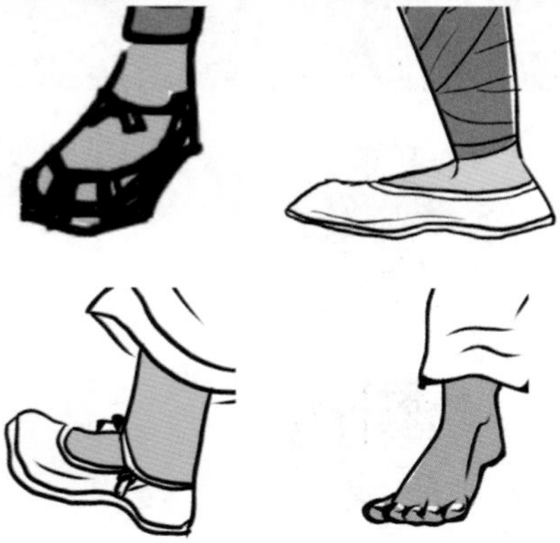	系带草鞋、无带练鞋、系带练鞋是经典足衣，而赤足也是该类职业的足部常态。具体见图 3—30（4）、图 3—33（1）、图 3—34（1）、图 3—35（1）。

表 3-5 集中列举了北宋工人职业服饰局部的经典细节，其中大小裲裆衫、开裆裤、犊鼻裈、行縢、草鞋、赤足等服饰应用的独特风貌折射了该阶层的劳动情景，启发了其与其他阶层间的差异化社会存在。从表 3-6 的所示内容可进一步理解该职业服饰系统的架构。

同为劳动力阶层，工人的职业着装相比农民更具专业性特色。所以，工人阶层的职业服饰体系是北宋"百工百衣"风尚面貌实现的关键。

表 3-6　工人代表性职业服饰谱系

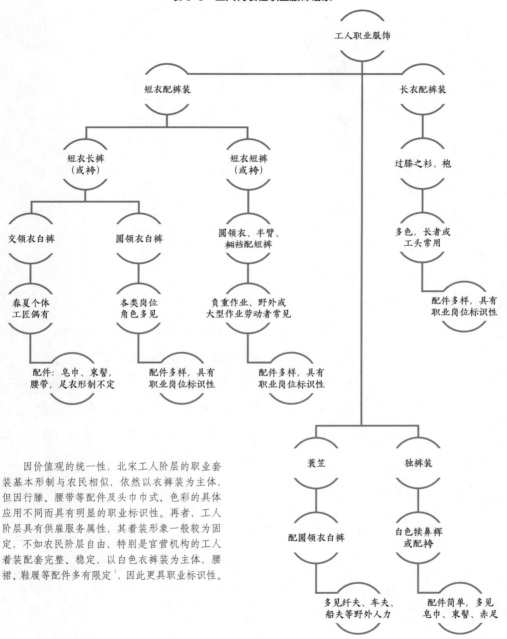

因价值观的统一性，北宋工人阶层的职业套装基本形制与农民相似，依然以衣裤装为主体，但因行縢、腰带等配件及头巾巾式、色彩的具体应用不同而具有明显的职业标识性。再者，工人阶层具有供雇服务属性，其着装形象一般较为固定，不如农民阶层自由，特别是官营机构的工人着装配套完整、稳定，以白色衣裤装为主体，腰裙、鞋履等配件多有限定[1]，因此更具职业标识性。

---

1 《宋史》第153卷《舆服五》载："乾道七年（公元1171年），复改用靴，以黑革为之，大抵参用履制，惟加靿焉。其饰亦有絇、繶、纯、綦，大夫以上具四饰……从义、宣教郎以下至将校、伎术官并去纯。"其中的伎术官为工人阶层的低级官员，由其鞋履之限定可见该阶层服饰所受等差管制之现实。见［元］脱脱：《宋史》第153卷《舆服五》，北京：中华书局，1977年，第3569页。

商人

商人

　　商人群体的发展与崛起是北宋社会发生转型的重要标志。宋代以前，该群体的社会地位是极为低下的，而此时却能与士、农等阶层同为平民，即"士、农、工、商，各有一业，元不相干……同是一等齐民"[1]。因此他们深受鼓励，萌发了极大的干事、创业热情。随着行业细分日趋完善，商人的身影出现在酒店餐饮、交通运输、印刷出版、金融、行业中介、科技服务、文体娱乐、居民服务等行业，从而为北宋社会经济的发展与转型升级做出了巨大的贡献。因秩序管理及行业发展的需要，各类从业商人均有自己独特的职业服饰形象，即如《东京梦华录》所述"香铺裹香人，即顶帽披背；质库掌事，即着皂衫、角带，不顶帽之类。街市行人，便认得是何色目"。

1　[南宋]黄震：《又晓谕假手代笔榜》，《黄氏日钞》第78卷，《钦定四库全书》，子部，第708册，上海：上海古籍出版社，2003年影印本，第78601页。

依据宋代行业状态实际，商人可分为行商与坐商、小商贩与大商户等。

（一）行商

行商即摊贩、担贩等流动性零售商和以帮会形式长途贩售货物的批发商。宋代其所在行业范畴十分广泛，职业形象依据经营项目可有多类形态（见图 3-36~ 图 3-41）

PANTONE 19—0506TPX

PANTONE 11—0601TPX

图 3-36（1）行商典型服饰式样图绘

行走于街市的商贩形象多种多样，衣式各有规格。此处图绘为担贩，是行商的典型之一，特作彩绘。其基本着装内容包括：后覆髻系带皂巾、白色小袖交领缺胯短衣（衣摆提扎腰间）、白色窄袖交领缺胯中单、小口白裤、草鞋。一袭白衣也是小商贩常有式样，标识了其身份地位特征。外衣之交领是小商贩多用领式，大概是取其轻松与便利。

图 3-36（2）行商典型服饰式样图绘

　　这是一位送食人（外卖小哥）的形象。《东京梦华录》记载："市井经纪之家，往往只于市店旋买饮食，不置家蔬。"[1] 这说明当时商业繁荣，忙碌中的人们会依赖餐饮商业，这为熟食外卖的风靡创造了可能。其着装图绘内容包括：丫髻皂结巾、前系带式裲裆衫、小围裙、小口长裤、帛鞋。这也是一袭白衣的形象，其中的裲裆配围裙是典型的外送餐饮职业套装。

1　上海师范大学古籍整理研究所编：《全宋笔记》第 5 编第 1 册，郑州：大象出版社，2012 年，第 137 页。

图 3-36（3）行商典型服饰式样佐证图一

　　此处佐证图均自《清明上河图》（局部，北宋张择端，北京故官博物院藏）。上左：行走街市售卖茶汤的小贩。其着皂巾、褐色交领小袖短衣、白色内衣、白色小口长裤、练鞋，衣摆提起扎腰，为便捷处理方式。上中：应为背负熟食上街售卖的小贩，其着皂巾、白色圆领小袖短衣、白色小口长裤、皂鞋。其外衣下摆围裹腰间，内衣摆可至膝。上右：两位担贩着装色彩、巾式不同，服制应相类，均为小袖短衣、白色小口长裤、草鞋，领式应分别为交领、圆领。下左：也是一位担贩，其束髻小皂巾、褐裆衫、白色小口长裤、练鞋，褐色外套围裹于腰身。下中：应是奔走于市井售卖零食的小贩，着笠帽、褐色交领小袖外衣（下摆提裹腰间）、小袖褐色交领缺胯中单、白色小口长裤、草鞋，手中所提应为以褐布包裹的食匣。下右：这应是递送外卖食品的中间商或直营商，其束丫髻，着白色褐裆衫、白围裙、白色小口长裤、练鞋，代表了此时期该行业的特色装扮。

PANTONE 19—0506TPX

PANTONE 16—6308TPX

PANTONE 11—0601TPX

图 3-37（1）行商典型服饰式样图绘

　　这是一个典型的餐饮业行商形象，具体为售卖饮品的商贩，着装特色突出，特作彩绘。其具体图绘内容为：皂色后覆式系带巾、白色交领缺胯至膝小袖薄纱外衣、草绿色缺胯小袖中单、白色小袖无衩内衣、白色长巾、白色褡裢（挂系腰间）、白色宽口长裤、黄绿色帛鞋。其长巾、褡裢及宽松舒适的飘逸白衣展示了其行业价值内涵。

PANTONE 18-1033TPX

PANTONE 19-0506TPX

PANTONE 11-0601TPX

图 3-37（2）行商典型服饰式样图绘

　　这是茶浆贩的形象，是行商中的典型职业代表。因其着装内容丰富而独特，特作彩绘。具体图绘内容为：后裹髻式附环系带乌纱巾，白色圆领小袖无衩短衣（衣摆上提扎腰）、褐色腰裙、白色小袖中单、白色内衣、多孔革带、白色长巾、白色小口长裤、草鞋、席囊（盛装茶叶的器具）。

图 3-37（3）行商典型服饰式样佐证图二

此处佐证图分别来自北宋和南宋，因其衣式的长期稳定性，均可证实北宋晚期形象。上左：《货郎图》（局部，北宋徐崇矩，美国弗利尔美术馆藏）中售卖各类饮品的流动摊贩，其着皂褐色系带偓巾、中袖宽身缺胯交领白衣、宽口白裤、练鞋，肩腕披搭白色长巾，腰间扎裹行囊，通体洁净素雅，蕴含着该职业的整洁卫生之寓意。上右：《斗浆图》（局部，宋佚名，黑龙江省博物馆藏）中的茶浆贩，其着系带乌纱巾，多为敛巾方式，上着白色或皂褐色圆领小袖短衣及多色内衣，衣领松散敞开，腰扎多孔革带，衣摆多提扎腰间，下着白色小口长裤或缚裤，裸露脚踝，着线鞋、草鞋、布鞋或跣足。其后腰吊挂的伞状器物为席囊，是盛装茶叶的制品，此与多孔革带等配件共同诠释了该职业的鲜明特征。下左：《明皇斗鸡图》（局部，南宋李嵩〈传〉，美国纳尔逊·阿特金斯艺术博物馆藏）中的食贩，其着白色系带巾、白色圆领小袖短衣，衣领散开外翻，衣摆提扎腰带。这种白巾短衣形象较为少见，多存在于更为贫苦的阶层。下右：《醉僧图》（局部，南宋佚名，美国弗利尔美术馆藏）中的零售酒贩，其所着皂巾有前系带或后系带巾，是小商贩常有的两种典型巾式。其上衣为白色齐膝交领缺胯中袖上衣或圆领小袖短衣，下着白色小口长裤或短裤、白色单梁练鞋，鞋款带式不同，是宋代典型的酒家形象。

PANTONE 19-0506TPX

PANTONE 18-0617TPX

PANTONE 16-1110TPX

图 3-38（1）行商典型服饰式样图绘

　　这是春夏之交匆匆行走于城市与乡间的北宋货郎形象，具有行商的典型形象特征，特作彩绘。具体图绘内容为：皂色后裹髻系带纱巾、驼黄色帛巾（裹身系结，应为腰带）、黄褐色外套（垂挂腰间）、驼黄色缺胯中单（上身堆垂于腰间）、驼黄色过膝短裤、皂色系带帛鞋、扁担等。此处色彩应是僭越用色，是对胡服色彩的借用。

PANTONE 19—0506TPX

PANTONE 16—5904TPX

PANTONE 19—1110TPX

PANTONE 11—0601TPX

图 3-38（2）行商典型服饰式样图绘

　　这也是春夏之交的北宋货郎形象，所着特征典型，特作彩绘。具体图绘内容为：蓝灰色后覆髻系带巾（六边形巾饰具有时代典型性）、驼黄色小袖圆领外衣（衣摆提系腰间）、驼黄色中单、白色交领内衣、白色长裤、皂色单梁帛鞋、驼黄色帛扇等。其色彩也是僭越用色，反映了当时的市井风俗面貌。

PANTONE 14—6308TPX

PANTONE 19—0506TPX

PANTONE 18—0513TPX

PANTONE 11—0601TPX

图 3-38（3）行商典型服饰式样图绘

　　这是北宋货郎典型的装饰性着装形象，极具时代特征，特作彩绘。具体着装图绘内容是：皂褐色上束髻系带巾（插有折枝花）、浅灰绿圆领窄袖缺胯至膝衫、浅灰绿腰裙、白色交领中单、装饰性看带、束带及吊带、白色小口长裤、皂色束膝带（装饰品）、皂色连底膝裤、装饰性凉鞋等。此处色彩也应是借用胡服色。

图 3-38（4）行商典型服饰式样图绘

　　这也是货郎典型的装饰性着装形象，其着装图绘内容是：后裹髻系带巾（装饰有多类商品标识物）、小袖圆领缺胯衫（卷提袖管、下摆两角提扎挂腰兜）、小袖圆领缺胯中单、交领短内衣、小口长裤（挂铃铛珠饰缚裤）、行縢、系带线鞋、售货腰兜、眼睛挂饰流苏带、拨浪鼓等。可见货郎主要用与商品相关装饰品打造。

图 3-38（5）行商典型服饰式样佐证图三

此处的佐证图包含南宋图，但其也可佐证宋末形象。上左：《货郎行路图》（局部，北宋佚名）中的货郎分别着皂色系带纱巾或蓝青灰裹巾，赤裸而缠挂长巾（可能是外衣腰带）并腰间垂挂外衣及中单，或着褐绿色小袖短衣，下着小口长裤、皂色帛鞋系带或否，是一种乡间货郎形象，衣式装扮平实。右侧：《货郎图》（局部，北宋李公麟〈传〉，美国赛克勒美术馆藏）中售卖戏剧人偶的货郎，其着前系带皂褐色敛巾并装饰有折枝花儿，装饰性、标识性强，利于路人识别。上衣为浅黄绿圆领窄袖缺胯衫，腰系革带，下着白裤、连底膝裤和附有镶饰的白色凉鞋，整体着装具有较强戏剧性，应为闹市中的货郎形象。下左：《货郎图》（局部，南宋李嵩，北京故宫博物院藏）中的杂货商贩，其着后束带皂色偃巾，上插装小风车、长翎羽、小旗子等饰物，以流苏丝带在身侧装饰眼睛图标以示眼药之售卖内容。其上着小袖白色圆领短衣，内着浅灰圆领缺胯中单、白色交领内衣，下着白色窄口长裤并缚裤、行縢、系带线鞋。该货郎着装更加平实朴素，但也以戏剧化装饰做了特征塑造，以强化对孩童的吸引力。

图 3-39（1）行商典型服饰式样图绘

　　这是摊贩类行商的着装式样，基本图绘内容为：后覆髻系带皂巾、前系带短款裲裆衫、小袖圆领缺胯外衣（裹扎于围裙之下）、围裙、小口长裤，为典型的熟食类摊贩套装。主体色彩为皂、褐、白等色。

PANTONE 14—1312TPX

PANTONE 19—0506TPX

PANTONE 18—0513TPX

PANTONE 11—0601TPX

图 3-39（2）行商典型服饰式样图绘

    这是行走中的摊贩类行商，着装搭配及所持工具、货物十分典型，特作彩绘。其着装图绘内容为：后覆髻系带皂巾、皂褐色小袖圆领缺胯外衣（裹扎于围裙之下）、小袖交领缺胯中单、淡绯色围裙、白色小口长裤、系带练鞋。此类套装在北宋末年的市井中十分多见。

图 3-39（3）行商典型服饰式样佐证图四

此处佐证图均自《清明上河图》（局部，北宋张择端，北京故宫博物院藏）。上左：该摊贩着皂巾、白色短款裲裆衫、白色围裙，下着应为白裤、白履。上中：与其左图相似，另在围裙之内裹扎有褐色小袖圆领缺胯外衣。上右：该摊贩着皂巾、白色小袖圆领短衣、褐色围裙、白裤、白履。中左：该摊贩着皂巾、白色小袖圆领短衣、褐色围裙、白裤、白履。中右：其中摊贩着装与其左图类似，摊具也近似，售卖内容也应相似。下左：该摊贩应着皂巾、白色圆领小袖短衣、淡红色围裙、白裤、白履，衣摆提扎于腰。下中：其为行走于市并手持摊具的摊贩，其着装应与下左相类，只是其淡红色围裙下裹扎了褐色外衣。下右：与下中形象相类，只是此摊贩穿着了褐色外衣并围扎白色围裙。可见围裙色彩的丰富不一，应与售卖内容相关。

PANTONE 19-0506TPX

PANTONE 18-1033TPX

PANTONE 11-0601TPX

图 3-40（1）行商典型服饰式样图绘

　　这是大型批发商类行商的图绘，其衣式为上流商人的典型，特作彩绘。具体图绘内容为：皂色后裹髻系带巾、棕色小袖圆领缺胯长衫、白色交领小袖中单、皂色帛带、白色小口长裤、白色帛鞋。

PANTONE 19-0506TPX

PANTONE 18-1320TPX

PANTONE 11-0601TPX

图 3-40（2）行商典型服饰式样图绘

　　这是批发商中的普通行商形象，其衣式为普通商人的典型，特作彩绘。具体图绘内容为：皂色后裹髻系带巾、红褐色小袖圆领缺胯短衣（裹扎腰间）、红褐色圆领小袖中单（提卷袖口）、白色交领小袖内衣（提卷袖口）、白色小口长裤（裤管上卷）、白色系带帛鞋。

图 3-40（3）行商典型服饰式样佐证图五

此处佐证图均自《清明上河图》（局部，北宋张择端，北京故宫博物院藏）。

上左：汴河边上的粮食批发商，其着皂色系带巾、棕色小袖圆领至踝缺胯长衣，腰间扎带，下着应为白裤、白履。大批发商多为乡绅地主，他们常通过习读诗书参加科考获得士人身份，所以平时着装也常有士人特征。

上右：这是孙羊正店门前的商人，应是酒店餐饮类批发商。其着皂色系带巾、红褐色小袖圆领短衣、白色长裤、系带练鞋，外衣围裹腰间，是小批发商的常有形象。

下左：也是小批发商的形象。其左侧人物着皂色敛巾、浅红褐色小袖圆领短衣、圆领中单、白色长裤、系带练鞋，腰间扎带。右上侧人物亦着皂色敛巾、深褐色小袖圆领短衣（下摆裹扎腰间），下应为白色长裤、练鞋。

下右：这是一个驼队中肩背行囊的商人，其着皂色偓巾（后覆式头巾）、浅红褐色小袖圆领缺胯外衣（上半身围裹腰间）、浅红褐色小袖圆领中单、白色缚裤、草鞋，为长途跋涉的行商代表形象。

PANTONE 19—0506TPX

PANTONE 18—3910TPX

PANTONE 11—0601TPX

图 3-41（1）行商典型服饰式样图绘

　　这是商品交易中的一类牙商形象，其着装具有特定领域的标识性，特作彩绘。其具体图绘内容为：皂色后裹髻系带巾、青灰色小袖交领缺胯短衣、白色小袖交领中单、白色腰帕（右侧开系）、白色小口长裤、白色系带帛鞋。

图 3-41（2）行商典型服饰式样图绘

　　这也是一类牙商形象，属于行商范畴。其具体图绘内容为：后束髻系带巾、中袖交领缺胯中单、圆领缺胯短外衣（围裹腰间）、白色中口长裤、白色帛鞋，这里的中袖交领中单较为少见，其与围裹于腰间的异色外衣共同形成一类牙商的形象标识。主体色彩有皂、褐、白等色。

图 3-41（3）行商典型服饰式样图绘

　　这是一类活跃于人力市场的牙商形象（行会之行老），也是行商范畴。其具体图绘内容为：无脚软顶幞头、小袖圆领缺胯短外衣（前衣摆提扎腰间）、小袖交领中单、帛带、小口长裤、帛鞋。其幞头短衣的搭配为此行行老的形象标识。主体色彩有皂、褐、白等色。

图 3-41（4）行商典型服饰式样佐证图六

此处佐证图均自《清明上河图》（局部，北宋张择端，北京故宫博物院藏）。上左：这是两个牙商形象，左侧人物着皂色系带巾、青灰色小袖交领缺胯短衣、白色侧开围帕、白色小口长裤、练鞋；右侧人物为小束髻系带巾、白色中袖短中单、褐色外套（围裹腰间）、白色长裤、练鞋等配套衣着。上右：此牙商形象类似于左图左一人，但围帕为褐色，应为具体职业内容的差异所在。下图：这是一类人力中介，为某行会行老，是一种行商类别。其着皂色无脚幞头、褐色圆领小袖短衣、白色小口长裤、练鞋，前衣摆提扎腰间。

（二）坐贾

凡是开设小酒馆、小店铺、大店铺等固定位置的实体店者均为坐贾（亦称坐商），其衣着形象依据经营规模和内容有所不同，具体可见下文系列图绘（图 3-42）。

图 3-42（1）坐贾典型服饰式样图绘

这是坐商类的商人代表形象图绘，基本内容为：后覆髻系带巾、交领小袖缺胯短衣、交领小袖中单、帛带、小口白裤、帛鞋，这是一般类坐商常有的着装配套。整体色彩可有皂、白色，以白色为主体。

PANTONE 19-0506TPX

PANTONE 18-0513TPX

PANTONE 11-0601TPX

图 3-42（2）坐贾典型服饰式样图绘

　　这是一位肉摊屠夫的着装式样，是普通坐商服饰中的典型，特作彩绘。基本图绘内容为：后束髻系带皂纱巾、皂褐色小袖圆领缺胯短衣、白色交领小袖中单、围裙、小口白裤、白色帛鞋。其围裙较大，与前述一般小幅围裙不同，具有职业的独特性。

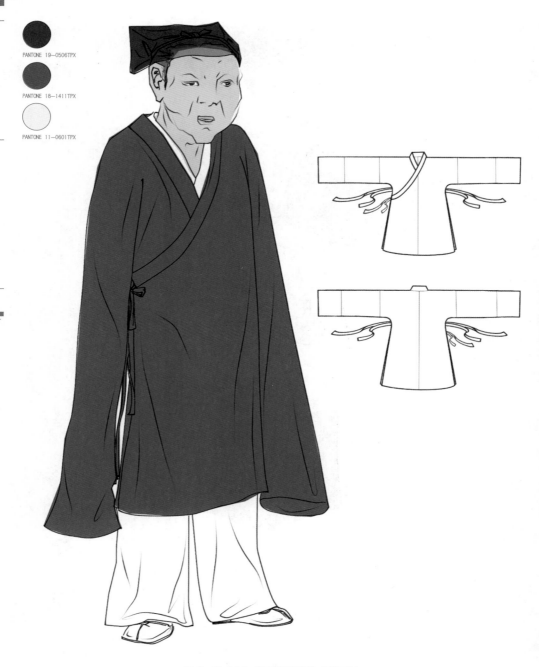

PANTONE 19—0506TPX

PANTONE 18—1411TPX

PANTONE 11—0601TPX

图 3-42（3）坐贾典型服饰式样图绘

　　这是香铺裹香人的着装式样，具有高级商人的典型着装特征，特作彩绘。基本图绘内容为：后覆髻系带漆纱定型头巾（可称为帽）、灰紫色交领小袖至膝褙子（其结构及比例较为特别，具体见其右平面结构图）、白色交领中单、宽口白裤、练鞋。其上衣为交领中长褙，长袖直垂，裤形宽松流畅，用色讲究，风格儒雅，不同于大多数普通体力劳动商贩，具有高级商人职业的代表性。

图 3-42（4）坐贾典型服饰式样佐证图

　　此处佐证图均来自《清明上河图》（局部，北宋张择端，北京故宫博物院藏）。上左：汴河边上一家小食店的店家，其着皂色偃巾、白色圆领小袖短衣（衣领外翻散开）、褐色围裙、白色小口长裤、帛鞋，衣领散开不羁。上中：画面中间为虹桥头的一家小食店店家形象，其着皂巾、褐色圆领小袖短衣，从常有形象判断其也应着小围裙、白色小口长裤、帛鞋。上右：内城外的一家煤炭坐商，其着皂巾、白色交领小袖短衣、腰带、白裤、皂鞋。下左：孙羊正店旁边的一家肉铺店家，其着皂色偃巾、深褐色圆领小袖短衣（衣领外翻散开）、白色齐胸大围裙、白裤、练鞋，衣领也散开，是屠夫店主的典型形象。下中：为内城外的一家纸马店，店主应着皂巾、交领小袖白衣、白裤、练鞋。下右：右侧应为一批发商人，着抓角巾、灰褐色圆领小袖缺胯长衫、白裤、练鞋，左侧应为与其商谈中的香铺裹香人，其着皂色纱帽（成形偃巾）、灰紫色交领小袖至膝褙子、白裤、练鞋。

　　北宋商人服饰的职业化是从贱民走向良民的职业化，这体现了商人阶层的崛起水平。即其从低贱的社会圈层逐渐走进深受官方重视的平民阶层，前代曾有的、甚严于平民的各种着装限度不复存在，这是统治阶级对该阶层社会发展贡献度给予再认识的结果。

　　本部分图绘再现商人职业服饰不同式样共计 18 套，其中最具代表性式样共计有 12 套。可见商人着装在百工群体中的代表性，其所驻存之经典元素也颇为丰富，其细节提纯可见表 3-7。

表 3-7 商人职业服饰细节经典提纯

图别	图例	说明
首服		后覆髻系带皂巾、附环系带裹髻皂纱巾、青灰系带多边形装饰巾、折枝插花上束髻褐巾、后束髻长系带皂巾、后覆髻漆纱定型巾是商人首服的经典式样。具体见图 3—37（1）、图 3—37（2）、图 3—38（2）、图 3—38（3）、图 3—40（1）、图 3—42（3）。
上衣		宽松飘逸的纱质外衣搭帛巾行囊、白色圆领短衣系革带、长帛带缠结裸身、灰绿圆领窄袖饰革带缺胯衣、小袖白衣配淡绯色围裙、青灰交领短衣配白腰裙、皂褐衣裹系白色大围裙、深紫中长交领精等，均为该职业经典上衣元素。具体见图 3—37（1）、图 3—37（2）、图 3—38（1）、图 3—38（3）、图 3—39（2）、图 3—41（1）、图 3—42（2）、图 3—42（3）。
下装	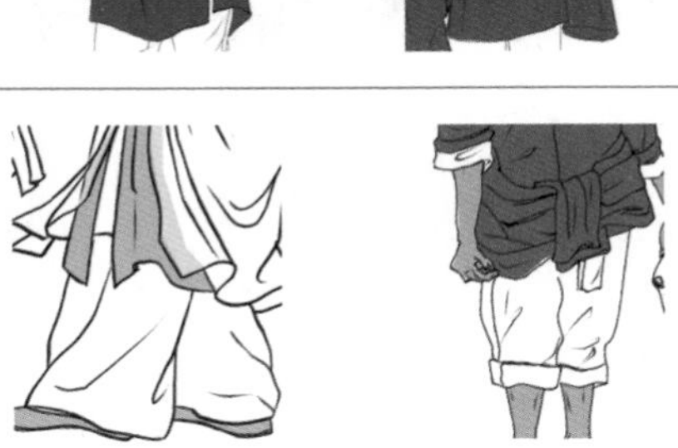	商人多着大小口白色长裤，宽松流畅的大口裤、提卷裤口的小口裤是其经典式样。具体见图 3—37（1）、图 3—40（2）。

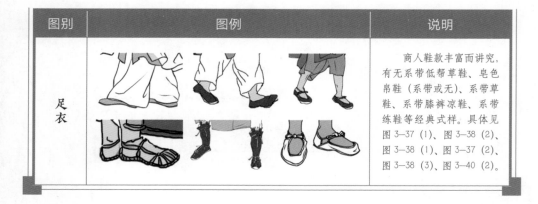

图别	图例	说明
足衣		商人鞋款丰富而讲究，有无系带低帮草鞋、皂色帛鞋（系带或无）、系带草鞋、系带膝裤凉鞋、系带练鞋等经典式样。具体见图 3-37（1）、图 3-38（2）、图 3-38（1）、图 3-37（2）、图 3-38（3）、图 3-40（2）。

表 3-7 集中展示了北宋商人职业服饰局部的经典细节，从中可以总结，北宋商人服饰相较前代有了较大发展，其色彩、装饰、结构、材质等局部细节内容十分丰富，实用性、标识性强，凝结了具有突出特征的中华商人衣着标识元素。因经营内容和所处层级不同，具体服饰形态差异大，而不少内容与士、农、工有类似之处，这是劳动属性相近而形成的结果，为我们理解服装形制与生产方式间的联系提供了启发。其具体职业服饰系统构建可参见表 3-8。

商贩虽然处于平民阶层，但因其拥有优越的物质财富，从而能够混杂于多个阶层，使其形象终难归纳，这也是崇尚士、商文化的宋代所具有的独特之处，此对后世阶层形象状态的形成与发展也有较大影响（图 3-43）。

图 3-43《清明上河图》元代摹本

图中展现了元代市井平民形象，不乏商人形象的具体表达，可见衣裤形态及白色裤子非常流行，延袭宋代风貌。

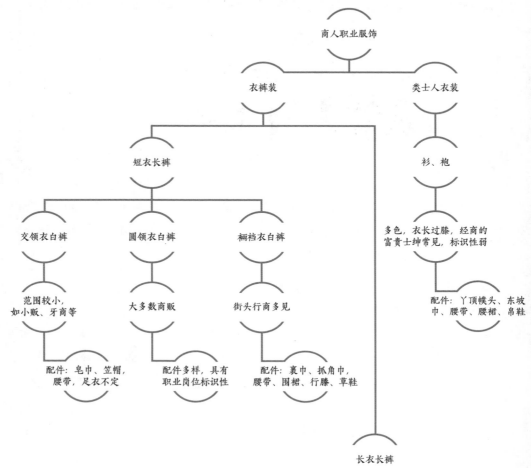

表 3-8 商人代表性职业服饰谱系

商人职业服饰

衣裤装　　　　　　　类士人衣装

短衣长裤　　　　　　　　　衫、袍

交领衣白裤　　　圆领衣白裤　　　裈裆衣白裤

范围较小，　　　大多数商贩　　　街头行商多见
如小贩、牙商等

配件：皂巾、笠帽，　配件多样，具有　　配件：裹巾、抓角巾，
腰带，足衣不定　　　职业岗位标识性　　腰带、围裙、行縢、草鞋

多色，衣长过膝，经商的
富贵士绅常见，标识性弱

配件：丫顶幞头、东坡
巾、腰带、腰裙、帛鞋

长衣长裤

圆领长衣、至膝或
过膝长褙配长裤

富商大贾常见

配件：幞头、裹巾、
腰带、帛鞋

　　商人阶层随其社会地位的崛起而在衣着基本形制遵循平民通用形制，即如前文提及的《宋史》所载："端拱二年（989 年），诏县镇场务诸色公人并庶人、商贾、伎术、不系官伶人，只许服皂、白衣，铁、角带，不得服紫。"因此，其着装式样大多类同于其他平民，但在部件细节上也不难发现其职业的标识性特征。基于此，其式样基本形制也就呈现两大趋向：类普通平民的衣裤装和类士人阶层的长衫宽袍。从商业性特征上看，前者中会有极具戏剧性的货郎装饰元素、食贩所配围裙以及裹香人的中长褙子等标识性内容呈现，能明显区别于其他阶层，而后者人群常为书香门第、豪门大族，出入仕途者多，所以多与士人无别，但偶有商人喜用的特殊商业符号出现，只是标识性不比前者明显。

兵卒

　　在北宋国防、社会治理与国家建设中，兵卒是一支规模庞大、贡献巨大的支撑力量。《东京梦华录》记载："每坊巷三百步许，有军巡铺屋一所，铺兵五人，夜间巡警，收领公事。又于高处砖砌望火楼，楼上有人卓望……每遇有遗火去处，则有马军奔报军厢主。马步军、殿前三衙、开封府各领军汲水扑灭，不劳百姓。"[1] 其还记载："日有支纳下卸，即有下卸指挥兵士，支遣即有袋家，每人肩两石布袋。遇有支遣，仓前成市。近新城有草场二十余所。每遇冬月，诸乡纳粟秆草，牛车阗塞道路，车尾相衔，数千万量不绝，场内堆积如山。诸军打请，营在州北，即往州南仓，不许雇人般担，并要亲自肩来，祖宗之法也。"[2] 由此可见其社会职业管

1　[北宋]孟元老：《东京梦华录：精装插图本》，北京：中国画报出版社，2013年，第58页。

2　[北宋]孟元老：《东京梦华录：精装插图本》，北京：中国画报出版社，2013年，第15—16页。

理之规范，事务管理参与之广泛，基于此而使百姓免于被突然征调，可安于生产活动，较好保障了社会生产秩序的良好维护。

《梦溪笔谈》载："驿传旧有三等，曰步递、马递、急脚递。急脚递最遽，日行四百里，唯军兴则用之。熙宁中，又有'金字牌急脚递'，如古之羽檄也。以木牌朱漆黄金字，光明眩目，过如飞电，望之者无不避路。日行五百余里。"[1] 这是递铺铺兵高度职业化的文献表述，可想其职业着装的管理也必然不会松散，相比前朝各代兵卒职业服饰的状况应已实现较大发展飞跃。

由以上可见，北宋兵卒不只是行军打仗、官场仪卫的核心力量，也是社会建设的重要力量。其分布层次也十分广泛，可在除了军事、仪卫之外的社会保障业、交通运输业、信息传输业、居民服务业等社会行业中看到他们的存在。此等盛况，很大程度上源于远超前代的军兵素质。宋代军队文化普及性强，以文治军特征鲜明，兵卒中"善干事、能书算者"众多，要成为将军必须先具有较高的文化水平，岳飞、辛弃疾等便是从低级军士成长为著名儒将的典型。[2] 这种氛围支撑了兵卒能力素质的超前拔升。由此以来，儒家文化的军队影响十分深远，着装特征虽均为兵卒打扮，但也不可避免地呈现出文雅之气。

1　[北宋]沈括：《梦溪笔谈》第 11 卷，扬州：广陵书社，2017 年，第 71 页。
2　程民生：《盔甲裹诗书：宋代将士文化水平考察》，《首都师范大学学报（社会科学版）》，2018 年第 3 期，第 2—4、11—14 页。

（一）侍卫

　　侍卫是在官方场地跟从于帝王、官员左右，负责仪仗或护卫工作的卫士类兵卒，因工作内容规格差异而着装形制不同。其人员组成复杂，禁军、厢军均可被编入。严格来讲，侍从为文，卫士为武，所以侍卫中不一定都是武职人员，但均具有服务、护卫职责，而从属于兵部管理，属于非正规军，此处即从广义卫士的角色进行图绘分析（见图3-44~图3-60）。

图 3-44（1）卫士典型服饰式样图绘

　　此处卫士图绘内容：皂色丫顶球头幞头、小袖圆领青灰缺胯长衫（前摆提卷腰间）、垂长带紫红腰裙、小袖交领白色缺胯中单、交领缺胯汗衫、看带、束带、小口白裤、系带白履，为宋代卫士典型着装。着装图绘之右上图为其外衣缺胯长衫的正背面平面结构图，基本形制类似于图3-12（2），但袖肥、衣长、开衩位置等稍有差异，此处特再作表达。其所内着中单、汗衫也均为缺胯形态，这是兵卒内衣的典型之一。

PANTONE 19—0506TPX

PANTONE 16—5904TPX

PANTONE 18—1350TPX

PANTONE 11—0601TPX

图 3-44（2）卫士典型服饰式样图绘

　　此处卫士图绘内容：皂色交脚方顶幞头、小袖圆领青灰缺胯长衫（前摆提卷腰间）、垂长带紫红腰裙、小袖交领白色缺胯中单、交领缺胯汗衫、看带、束带、小口白裤、系带白履，除首服外，其他与图 3—44（1）内容相同，是宋代卫士的典型着装内容。此处首服为兵卒典型，整体搭配特以彩图呈现。

图 3-44（3）卫士典型服饰式样佐证图一

　　此处所列北宋卫士着装佐证图仅首服有差异。其为 1971 年河南方城县金汤寨村出土的卫士男石俑（北宋，河南博物院藏）。左与右：为从卫，着前开裂丫顶幞头或交脚方顶幞头、青灰色圆领右衽小袖缺胯衫（前摆提起扎腰）、看带（也称义带）、垂长带紫色腰裙、交领右衽缺胯过膝中单、小口裤、系带单梁鞋；中：这应是一持洗卫士，也是仪仗中的重要角色，其所着幞头与右图相类，其他服饰均为同款式样。此三图应是高官出行仪仗中的卫士。

图 3-45（1）卫士典型服饰式样图绘

　　这是贵族出行仪仗中的一类卫士服饰式样图绘，与图 3-44 中两款的基本形态相似，但具体有不同：皂色曲脚向后指天幞头、小袖圆领紫色缺胯长衫（前摆提卷腰间）、垂长带橄榄绿色腰裙、小袖交领白色缺胯中单、交领缺胯汗衫、革带、小口白裤、系带练鞋，是宋代高级卫士的典型着装。具体讲，此图绘中的外衣衣袖相较图 3-44 中两款稍宽，但依然属于小袖结构，其他结构两者基本一致。

图 3-45（2）卫士典型服饰式样佐证图二

　　该佐证图是山西省高平市开化寺壁画（局部）卫士群像，其着皂色曲脚向后指天幞头、紫色圆领右衽小袖衣
（前摆提起扎腰）、白色缺胯窄袖中单、垂系紫带橄榄绿色腰裙、白色麻质小口裤、白色麻鞋（练鞋）。《宋史》载：
"次御马二十四（并以天武官二人执辔，尚辇直长二人骑从）。"[1] 此壁画兵卒形象很可能是北宋天武官（禁军卒）角
色之典型仪仗着装。

1　[元]脱脱：《宋史》第145卷《仪卫三》，北京：中华书局，1977年，第3414页。

图 3-46（1）卫士典型服饰式样图绘

　　这是贵族出行仪仗中的一类卫士服饰式样图绘，与图 3-44 相似，但具体有不同。皂色曲脚向后指天幞头、小袖圆领紫色缺胯长衫（前摆提卷腰间）、垂长带橄榄绿色腰裙、小袖交领白色缺胯中单、交领缺胯汗衫、革带、小口白裤、系带练鞋，是宋代高级卫士的典型着装内容。具体讲，此图绘中的外衣衣袖相较图 3-44 稍宽，但依然属于小袖结构，其他结构两者基本一致。

图 3-46（2）卫士典型服饰式样图绘

此处图绘内容与图 3-46（1）稍有不同，即足衣有差异，具体内容为：皂色交脚朝天幞头、宽巾抹额、小袖圆领缺胯长衫（底摆前后交结于裆下，偏袒右肩，右袖裹腰）、交领半臂缺胯中单、窄袖交领汗衫、蹀躞带、小口白裤、长筒护股乌靴。可见其足衣的部件结构设计极具实用性。

图 3-46（3）卫士典型服饰式样佐证图三

此处佐证图均自《西岳降灵图卷》（局部，北宋李公麟〈传〉，北京故宫博物院藏）。两者着装基本相类，其着皂色长交脚幞头、裹扎抹额（应是宽帛巾以常见四带巾系扎方式围裹）、圆领小袖缺胯衣（底摆前后系结）、交领半臂（左衽）、革带（蹀躞带）、白裤、高靿乌靴或护股长乌靴。

图 3-47（1）卫士典型服饰式样图绘

　　这也是北宋贵族仪卫中的骑兵着装式样图绘，其内容为：皂色花脚幞头、锦绣抹额、窄袖圆领缺胯锦衣（缚袖）、交领窄袖无衩长中单、白裤、吊敦、皮履。整体着装色彩较多样，绯色、金黄、青绿等较为常见。其外衣结构可参考图 3-44（1）中的正背面结构图，只是此款袖口更加窄小。其长中单为窄袖、无衩、窄缘小交领，为男女平民均可用的普通款式，具体见其右正背面结构图。

图3-47（2）卫士典型服饰式样图绘

　　此处为一高级仪仗中的从卫形象，其着装内容为：皂色翘脚幞头、小袖圆领缺胯齐膝衫、革带、高交领窄袖缺胯中单、小口白裤、乌靴。其外衣可参考图3-44（1）中的平面结构图，只是此款衣身齐膝而短小。此处所示平面结构图为其高交领中单结构内容，是宋代较为流行的高领形制。

图 3-47（3）卫士典型服饰式样佐证图四

此处佐证图均自《西岳降灵图卷》（局部，北宋李公麟〈传〉，北京故宫博物院藏）。左：应为女扮男装的卫士形象，其着漆纱花脚幞头、锦绣抹额、小袖圆领缺胯锦衣、缚袖、裙、裤，其下应着吊敦。《东京梦华录》载："数辈执小绣龙旗前导，官监马骑百余，谓之'妙法院女童'。皆妙龄翘楚，结束如男子，短顶头巾，各着杂色锦绣，撚金丝番段窄袍，红绿吊敦束带，莫非玉羁金勒……"[1] 这是一个表演场合的女童着装描写，与此图相似。《西岳降灵图卷》是一件包罗诸多行业角色的道教画作，所以该角色很可能就是该出行仪仗中具有表演性的女扮男装仪卫。右：这应是一位皇家贴身护卫，其着翘脚幞头、圆领小袖短衣、革带、长裤，其下应为跨马之士常有的靴。

1　上海师范大学古籍整理研究所编：《全宋笔记》第 5 编第 1 册，郑州：大象出版社，2012 年，第 167 页。

图 3-48（1）卫士典型服饰式样图绘

　　这是北宋贵族仪卫中的武士衣着图绘，内容即：皂色右前顺风脚幞头、圆领小袖下摆交结缺胯短衣、交领窄袖短中单、小口拼料长裤、系带练鞋，为宋代常见下等卫士形象，其裤腿的拼接设计值得品味。再者，其短中单是窄缘交领无衩结构，也是较为普遍的中单式样，可参考图 3-47（1）中的平面结构图，只是此款衣身短小。其拼接裤的整体结构细节见本处平面结构图所示，也是较为流行的裤款，其面料拼接的做法彰显了宋人俭省节约的精神和阴阳学之文化信仰。

图 3-48（2）卫士典型服饰式样佐证图五

　　此处佐证图均来自《西岳降灵图卷》（局部，北宋李公麟〈传〉，北京故宫博物院藏）。上：即处于旗仗之后的兵卫，其着前顺风脚皂色幞头、圆领小袖下摆系结短衣、长裤，应着帛鞋。其幞头脚的具体结构可参考下图（两者幞头脚的具体朝向不同）。下：为该出行仪仗中的一猎户形象，但其幞头脚的系结方式可用来解读上图。

图 3-49（1）卫士典型服饰式样图绘

　　此卫士图绘内容为：皂色无脚幞头、抹额（扎裹于幞头）、圆领小袖缺胯短衣（衣领散开）、圆领半臂短衣（附有饰扣）、交领窄袖缺胯短中单、革带、小口长裤、单梁练鞋。其主体色彩以青灰、白色居多。

图 3-49（2）卫士典型服饰式样图绘

　　此卫士着装为宋代出行仪仗中步军执旗卫士的常见形象，其图绘内容为：皂色小结脚幞头、圆领小袖缺胯短衣（偏袒右肩，袖垂扎于腰后）、圆领小袖无袄短中单、革带、小口拼接长裤、单梁后缩褶练鞋，主体衣着色彩以青灰、白色居多，另常有绯色、铜色等装饰。此中拼接裤腿、缩褶练鞋后跟都值得研究。其右上正背面结构图为无袄圆领中单结构式样，是一般士卒常用中单，而其他职业较少用。

图 3-49（3）卫士典型服饰式样图绘

　　此卫士着装为宋代出行仪仗中持武器步军卫士的常见形象，其图绘的内容为：皂色小结脚幞头、圆领小袖缺胯短衣（袖口上卷）、交领小袖短中单、围肚、捍腰、帛带、束口短裤、行縢、单梁后缩褶练鞋。因服饰品的多样化而使得服装色彩丰富，如红、黄、绿、褐色均能应用。这里的短裤值得品味。

图 3-49（4）卫士典型服饰式样佐证图六

其佐证图均来自《西岳降灵图卷》（局部，北宋李公麟〈传〉，北京故宫博物院藏）。上：分别为持旗卫士和持盾武士形象，着皂色小结脚幞头、圆领小袖短衣（或偏袒右肩）、革带或围肚帛带、拼料长裤或束口短裤行縢，足衣应均为练鞋。下：其着皂色无脚幞头、宽帛巾抹额、圆领小袖偏襟短衣（领口散开外翻）、圆领半臂内衣，还应着革带、长裤、帛鞋。

图 3-50（1）卫士典型服饰式样图绘

　　这是北宋贵族仪卫中的持号角卫士服饰式样图绘，内容为：前交脚皂色软顶幞头、圆领小袖缺胯短衣（领口散开）、交领缺胯短中单、革带、小口长裤、乌靴。其色彩较为单一，一般为青灰、皂、白等色。其右下正背面结构图为交领缺胯短中单的式样结构展开，其小袖、交领、开衩的组合是胡汉融合后的汉式短衣创新。

图 3-50（2）卫士典型服饰式样图绘

此处为持仪仗卫士服饰式样图绘，内容为：皂色结脚幞头、圆领小袖缺胯短衣（袖口上撸）、交领小袖短中单、革带、长帛带、捍腰、小口长裤、乌靴。其色彩也较为单一，一般为青灰、皂、白等色。

图 3-50（3）卫士典型服饰式样图绘

此处也为持仪仗卫士服饰式样图绘，内容为：皂色左后顺风脚幞头、圆领小袖缺胯短衣（右肩袒露，袖垂扎后腰）、交领小袖过膝拼摆中单、蹀躞带、小口长裤、后缩褶单梁练鞋。其色彩也较为单一，一般为青灰、皂、白等色，但是可有红色做腰带等局部细节装饰。

图 3-50（4）卫士典型服饰式样佐证图七

此处佐证图均来自《西岳降灵图卷》（局部，北宋李公麟〈传〉，北京故宫博物院藏）。上左：跨马持号角的卫士着装，其着皂色前交脚软顶幞头、圆领小袖短衣（衣领散开）、革带，其下应着白裤、皂靴。上右：该持旗卫士着前结脚幞头、圆领小袖短衣、白裤、乌靴，袖管上卷，下摆卷扎腰带，这是一种常见卫士形象。下：该持旗卫士着后顺风脚幞头、圆领小袖缺胯过膝衫（衣领散开外翻）、交领小袖过膝襕衫（右侧应有叠摆式开衩）、革带、白裤，下可能着白履。

图 3-51（1）卫士典型服饰式样图绘

　　这是北宋早中期出行仪仗中常有的仪卫服饰式样，其图绘内容为：皂色系带平顶巾、圆领小袖缺胯长衣、白色窄袖交领中单、革带、小口长裤、乌靴。其主体色彩可有紫、浅绿、黄褐、皂、白等色。

图 3-51（2）卫士典型服饰式样图绘

　　这是北宋宫廷仪卫中典型的着装类型，图绘内容为：皂色硬脚幞头、圆领小袖缺胯长衣、白色小袖交领无衩长中单、革带、小口长裤、皂色帛鞋。基于其特殊身份，其主体色彩可有紫、青绿、姜黄、黄褐、皂、白等色。

图3-51（3）卫士典型服饰式样佐证图八

佐证图上：《蜀山行旅图》（局部，北宋许道宁，私人收藏，藏家不详）中的仪卫或执仪仗，或持长剑，其着皂色系带巾、圆领小袖缺胯长衣（服色不一）、白色交领中单（领子外露）、革带、白裤、乌靴，其四带巾是对初唐风格的再现。虽为唐代故事，但却也是北宋着装风格。下左：北宋郭发绘制壁画（局部，山西高平开化寺）中的侍卫形象，其整体所着与下右图应相类，是宋初常有内侍形象。下右：《西岳降灵图卷》（局部，北宋李公麟〈传〉，北京故宫博物院藏）中的仪卫，其着皂色硬脚幞头（唐巾）、圆领小袖缺胯长衣、白色交领中单（领子外露）、革带，下应为白裤、乌靴。

图 3-52（1）卫士典型服饰式样图绘

　　此为官员出行仪仗中的卫士服饰图绘，具体内容为：丫顶幞头、窄袖圆领缺胯长衫（前摆提卷腰间）、垂短结带腰裙、窄袖交领缺胯中单、革带、折边窄口白裤、系带麻履，与图 3-44 诸图基本内容相似，但细节差异也较明显，是宋代卫士的典型着装之一。

图 3-52（2）卫士典型服饰式样佐证图九

　　此处佐证图为福建省尤溪一中宋墓壁画中的仪卫形象[1]，其均着丫顶幞头、圆领窄袖衣、短腰裙、交领缺胯短中单、窄口裤、系带线鞋，为北宋典型仪卫服饰式样。

1　杨琮，林玉芯：《闽赣宋墓壁画比较研究》，《南方文物》，1993年第4期，第74页。

图 3-53（1）卫士典型服饰式样图绘

　　此为出行仪卫着装，内容为：红缨兜鍪、皂缘交领小袖短衣、围肚、锦绣捍腰、勒帛、小口长裤、行縢、云头系带线履。所涉色彩丰富，可有绯红、青绿、黄褐、皂、白等色。

图 3-53（2）卫士典型服饰式样图绘

　　此也为出行仪卫着装，内容为：缁巾、铠甲、交领小袖短衣、交领短中单、捍腰、勒帛、小口长裤（缚裤）、行縢、系带线履。其铠甲可有披膊（也可称掩膊，胸前部分掩于身甲之内）、身甲两大部分，具体结构方式可借鉴该着装图右列举的《武经总要》中相似图例（上为披膊，下为身甲）[1] 予以理解。所涉色彩可有褐、青灰、皂、白等色。

1　孙雅芬，于孟晨，贺菊玲等：《武经总要注》上卷，西安：西安出版社，2017 年，第 266 页、第 263 页。

图 3-53（3）卫士典型服饰式样图绘

出行仪卫着装，内容为：木冠、皂缘交领窄袖短衣、交领窄袖短中单、软交领汗衫、围肚、捍腰、勒帛、革带、小口长裤、行縢、系带线履。所涉色彩可有红褐、青灰、皂、白等色。其右侧平面结构图为软交领汗衫的展开说明。值得关注的是其领式，为一种领宽较大、高领座且领缘外弧、纵向大夹角斜交的结构，其效果还依赖于柔软而富垂感的丝绸材质（本研究就其效果做了实物试制实验并做此推测，仅供参考），穿着中可因面料下垂而呈现自然荡褶效果，是当时的一种特殊审美细节，在本研究的多种相类图例中出现。

图 3-53（4）卫士典型服饰式样佐证图十

　　此处佐证图均自《豳风七月图卷》（局部，南宋马和之，美国弗利尔美术馆藏），虽为南宋，但也展现了北宋晚期的卫士服饰特征，是一种成熟式样。上：为两类卫士着装，其一着红缨兜鍪、帔巾、皂缘交领小袖短衣、围肚、勒帛、捍腰、长裤、行縢、线鞋；其二着缁巾、铠甲、交领小袖短衣、勒帛、围腰、捍腰、革带、长裤、缚裤或无、行縢、线鞋。下：两兵卒着缁巾或木冠、皂缘交领窄袖或大袖短衣、窄袖中单、勒帛、围肚、捍腰、革带、长裤、缚裤或行縢、线鞋。这是南宋厢兵图例，但与北宋中晚期兵卒的常见形象相似。

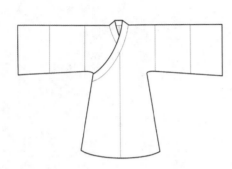

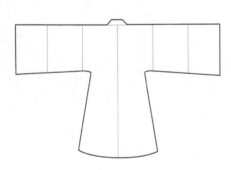

图 3-54（1）卫士典型服饰式样图绘

为皇家出行仪仗中的卫士服饰图绘，具体为：缁冠、交领中袖长衣（直裰，背系宽袖，提摆扎腰）、交领小袖无衩短中单、白色交领汗衫、帛带、小口白裤（缚裤）、皂色帛鞋。值得注意的是，常为白色的中单在这里可为褐色，应是其外露较多而需与外衣（常为褐色）统一色彩的要求使然。其左侧正背面结构图为外衣之平面表达，为无缘宽衣式样，类似大多数普通士人中单。

图3-54（2）卫士典型服饰式样图绘

此也为皇家出行仪仗中的卫士服饰图绘，其内容是：缁冠、圆领中袖宽衣（背系宽袖）、交领窄袖中单、白色汗衫、帛带、革带、捍腰、围肚、小口白裤（缚裤）、粉底皂靴，是宋代典型仪卫着装，其色彩也很丰富，如常有粉绿、青绿、褐色、绯红等配色内容。

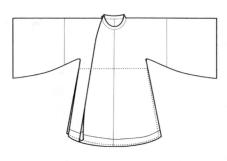

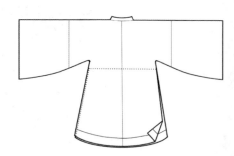

图 3-54（3）卫士典型服饰式样图绘

　　这是与图 3-54（2）协同公事的皇家出行仪卫服饰图绘，两者形态相似但细节不同。其内容是：缁冠、圆领中袖宽衣（背系宽袖，右后侧叠衩）、交领窄袖中单、围肚（右侧叠衩）、帛带、革带、小口白裤（缚裤）、粉底皂靴，因其职位不同而色彩丰富。其右侧正背面结构图是圆领中袖宽衣平面式样展开，其中袖廓形、右侧叠摆式开衩结构、底缘方式、衣身比例等都值得关注。

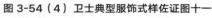

图 3-54（4）卫士典型服饰式样佐证图十一

　　此处佐证图左：《晋文公复国图》（局部，南宋李唐，美国大都会艺术博物馆藏）中的仪卫，其着缁冠、褐色大袖交领短衣（背系宽袖）、褐色交领小袖中单、白色内衣、帛带、缚裤、皂鞋，外衣下摆一角提扎腰带，是典型的宋代便捷着装。右上与右下：《渭水飞熊图》（局部，南宋刘松年，日本早稻田大学图书馆藏）中的仪卫，其着缁冠、大袖圆领短衣（或背系宽袖）、交领窄袖中单、围肚、帛带、捍腰、革带、缚裤、粉底皂靴，这里包含了无捍腰或勒帛式样之差异性形态。右下图中的骑兵服饰不予赘述，均为南宋典型服制。佐证图中的背系宽袖、围肚勒帛（或看带）均为宋代卫士的局部典型式样，虽为南宋图例，但其基本元素均与北宋中晚期类同。

图 3-55（1）卫士典型服饰式样图绘

这也是皇家出行仪仗中的卫士服饰图绘，与图 3-54 诸图所示仪仗规格不同。其内容是：漆纱球头丫顶幞头、圆领窄袖锦绣缺胯长衣（多为绯色）、白色交领窄袖无衩过膝中单、金铸红鞓带、小口白裤、线鞋，是宋代典型仪卫着装，主体色彩常有朱红、金黄、黄褐等色。

图 3-55（2）卫士典型服饰式样图绘

此处图绘与图 3-55（1）中的式样相似，内容是：漆纱球头丫顶幞头、圆领窄袖长衣（为单色，常为青灰）、白色交领窄袖无衩过膝中单、金铸红鞓带、小口白裤、线鞋。

图 3-55（3）卫士典型服饰式样图绘

　　此处所示卫士与图 3-55（1）、图 3-55（2）中的卫士均为皇家出行仪仗中的骨朵子直，图绘内容是：漆纱长脚方顶幞头、圆领窄袖长衣（为单色，常为青灰，无开衩）、白色交领窄袖中单、金镑红鞓带、小口白裤、线鞋。

图 3-55（4） 卫士典型服饰式样佐证图十二

此处佐证图均来自《人物故事图卷》（局部，南宋佚名，上海博物馆藏），其中仪卫着漆纱丫顶幞头或长脚幞头、圆领窄袖缺胯缬染赤衣或青灰衣（有侧衩或无）、白色交领中单、银銙红革带、白裤、线鞋。这是相对于北宋已被简朴化的南宋着装，图绘则为北宋制式。《宋史》载："内旧用锦袄子者以缬缯代，用铜革带者以勒帛代。而指挥使、都头仍旧用锦帽子、锦臂袖者，以方胜练鹊罗代，用紬者以紬代。禁卫班直服色，用锦绣、金银、真珠、北珠者七百八十人，以头帽、银带、缬罗衫代。"[1] 由此也可理解前述南宋普通卫士服饰以勒帛作腰带的式样（此佐证图中未展示着勒帛者，但也应是简化后的规格），也可推断锦绣衣金銙是北宋常用的高级仪卫服饰。

1 ［元］脱脱：《宋史》第 145 卷《仪卫三》，北京：中华书局，1977 年，第 3407 页。

图 3-56（1）卫士典型服饰式样图绘

　　此处也为皇家出行仪卫着装图绘，其内容是：漆纱笼巾、圆领中袖缺胯长衣（背系宽袖，为单色）、锦绣圆领缺胯窄袖中单、白色交领短汗衫、革带、单色宽裤、帛鞋。整体色彩较为丰富，有绯红色、靛蓝色、皂色、白色等。其圆领宽袖缺胯外衣的结构与前述兵卒不尽相同，从其右侧正背面结构图可见，在衣身、袖肥等结构组合及比例上有细节差异。

图 3-56（2）卫士典型服饰式样图绘

　　此为皇家出行仪卫着装图绘，其内容是：漆纱丫顶窄形幞头、圆领窄袖缺胯锦绣长衣、白色皂缘交领窄袖中单（无衩）、白色交领短汗衫、金铸红鞓带、白色宽裤、单梁丝鞋。整体色彩也较为丰富，有绯红、金黄、皂、白等色。其左侧正背面结构图展示了皂缘交领窄袖中单的结构形态，其上下皂缘、无衩的交领窄袖衫式样是内侍制式服饰，较具有特色。

图 3-56（3）卫士典型服饰式样佐证图十三

　　其佐证图均自《卤簿玉辂图卷》（局部，南宋佚名，辽宁省博物馆藏）。左：仪卫着漆纱笼巾、靛蓝圆领中袖缺胯衫（背后结袖）、赤色染缬圆领缺胯中单、白色交领内衣、靛蓝宽口裤及帛鞋。右：仪卫着漆纱丫顶襆头、圆领窄袖缺胯赤衣（应与左图中单同）、皂缘交领中单、交领白色汗衫、革带（应同3-55）、淡黄大口裤、帛鞋。南渡之后，局部装饰被简化，但基本形制依旧，所以此二图也可以佐证北宋服制的基本形态。

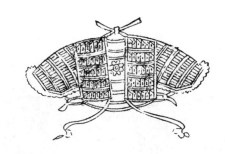

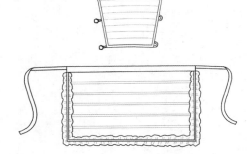

图 3-57（1）卫士典型服饰式样图绘

　　此为皇家出行仪卫中的铠甲武士着装图绘，其内容是：红缨圆顶宽沿兜鍪、顿项、披膊、臂甲、裙甲、交领窄袖左后叠衩齐膝中单、围肚、义襕、勒帛、小口长裤、云头粉底丝鞋，是宋代甲士的代表行装。其披膊不同于前述式样，且增有臂甲、掩体裙甲（穿着时左侧交掩）等铠甲要素，具体可借此处平面图（此左上图为《武经总要》的披膊图例[1]，左上图分别为臂甲、裙甲的式样推测）所示予以理解。整体色彩丰富，可有绛、紫、墨绿、草绿、青绿、淡黄、金黄、白等色。

1　孙雅芬，于孟晨，贺菊玲等：《武经总要注》上卷，西安：西安出版社，2017年，第267页。

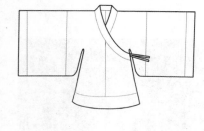

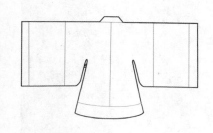

图 3-57（2）卫士典型服饰式样图绘

　　此为殿前仪卫着装图绘，其内容是：武弁、皂色头巾、皂缘交领大袖至膝左衽短衫、软交领内衣、围肚、锦绣捍腰、白绫勒帛、皂纱绅带、革带、小口白裤（缚裤）、连底膝裤、皂色笏头履。其色彩也较为丰富，可有紫色、靛蓝色、金黄色、皂色、白色等。其中，皂缘交领大袖左衽短衫是一种特色鲜明、儒雅气质突出的官方兵将制式服装，特别是左衽结构在官方服装中的应用值得关注，具体结构见其左上平面结构图。

图 3-57（3）卫士典型服饰式样佐证图十四

其佐证图左：《渭水飞熊图》（局部，南宋刘松年，日本早稻田大学图书馆藏）中的甲士，其着红缨圆顶宽沿兜鍪（铜盔）、顿项（也叫护项）、披膊、护臂（臂甲）、裙甲、墨绿中单、围肚、义襕（即腰帕，也称围腰）、勒帛、淡黄色小口长裤、紫色翘头粉底履。该类盔甲是宋代典型形制，较前代更简洁实用。右：《却坐图》（局部，南宋佚名，台北故宫博物院藏）中的宫廷护卫形象，其着束发冠（即武弁）、皂色头巾、皂缘交领左衽宽衫、紫色围肚、锦绣捍腰、帛带、革带、白色缚裤、白袜、皂色笏头履。

图 3-58（1）卫士典型服饰式样图绘

北宋内廷仪卫多长衣，此处表现的图绘内容是：漆纱丫顶幞头、圆领小袖掩足无衩长衫、交领窄袖中单、金
銙红鞓带、白裤、翘头单梁丝鞋。其主体色彩一般以青灰、皂白之搭配为主。其右侧正背面结构图是宫廷内侍常
见的圆领长衫，是较宽松的无衩覆足式样。

图 3-58（2）卫士典型服饰式样佐证图十五

其佐证图为浮雕持杖人物陶砖（宋，开封博物馆藏）中的仪卫。其人物着丫顶幞头、圆领右衽小袖掩足袍（无衩）、革带，下应着白裤、低帮鞋。

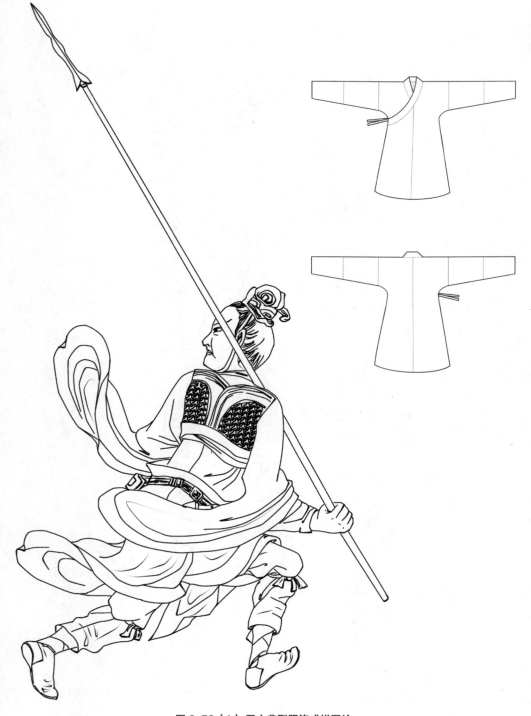
图 3-59（1）卫士典型服饰式样图绘

　　这是禁军高级兵卒中的着装式样，此处图绘内容为：武弁、皂缘大袖交领短衫、窄袖交领短中单、裲裆式山形甲、围肚、捍腰、勒帛、革带、小口裤（缚裤）、行縢、革履。其着装色彩也较为丰富，可有灰褐、铜黄、青灰、皂、白等色。其皂缘大袖交领短衫结构可参见图 3-57 (2)。其右上结构图为其中单平面展开图，是一种窄袖宽缘交领无衩结构方式，系带小巧，为高级兵卒多见的中单式样。

图 3-59（2）卫士典型服饰式样图绘

　　这也是禁军高级兵卒中的着装式样，此处图绘内容为：武弁、皂缘大袖交领短衫（背系宽袖）、窄袖交领短中单、裲裆式水纹甲（甲身掩藏于宽袖系结之下）、围肚、捍腰（左侧有开衩）、勒帛、革带、小口裤（缚裤）、行縢、革履。其主体着装色彩有灰褐、铜黄、青灰、皂、白等色。

图 3-59（3）卫士典型服饰式样佐证图十六

其佐证图左：《水官图》（局部，宋佚名，美国波士顿美术馆藏）中的武士，着束发冠（武弁）、皂缘大袖宽衫、裲裆甲、围肚、捍腰、勒帛、革带、窄袖中单、缚裤、行縢、革履。右图：《天官图》（局部，宋佚名，美国波士顿美术馆藏）中的武士，也着束发冠（武弁）、皂缘大袖宽衫（背系宽袖）、裲裆甲（被掩于宽袖下）、围肚、捍腰、勒帛、革带、窄袖中单、缚裤、行縢、革履。两图形象为宋代宫廷禁军武士典型。

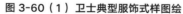

图 3-60（1）卫士典型服饰式样图绘

这也是禁军高级兵卒中的着装式样，此处图绘内容为：交脚朝天雕花幞头、圆领窄袖及膝无衩短袍（夹衣）、裲裆铠甲、围肚、锦绣捍腰、帛带、革带、锦绣流苏腿甲、小口长裤（缚裤）行縢、翘头革履，是宋代禁军的典型着装。其着装色彩可有紫红、铜黄、青灰、皂、白等色。

图 3-60（2）卫士典型服饰式样图绘

此禁军高级兵卒的着装式样图绘内容为：宽檐红缨笠帽、裲裆甲、圆领窄袖短衫、软交领窄袖汗衫、锦绣围肚、勒帛、革带、义襕、长裤加缚裤、连底膝裤、敞口系带镶鞋，是宋代禁军的典型着装。其色彩也较为丰富，可有绛、灰紫、墨绿、草绿、青绿、淡黄、金黄、白等色。

图 3-60（3）卫士典型服饰式样佐证图十七

其佐证图左：四川泸县牛滩镇滩上村 2 号墓出土的宋代侍卫像，其着交脚朝天幞头、圆领窄袖齐膝短袍、胸甲（裲裆）、袍肚（裹肚）、捍腰、革带、帛带、帔帛、锦绣腿裙、缚裤（膝下）、行縢、皮履，是宋代中后期最典型的侍卫（禁军）形象。中：2020 年电视剧《清平乐》剧照（正午阳光影业、中汇影视、腾讯视频联合出品）中的侍卫形象，其幞头及裲裆甲方式基本符合史实。右：《道子墨宝·地狱变相图》（局部，宋佚名，美国克利夫兰美术馆藏）中的卫士图，其着宽檐红缨笠帽（兜鍪）、裲裆胸甲、交领窄袖短衫、软交领（无衬里单层领）汗衫、围肚、勒帛、革带、义襕、长裤加缚裤、膝裤、敞口系带镶鞋，是一种衣裤装形象，与左图类似。《梦溪笔谈》记载："太祖朝，常戒禁兵之衣，长不得过膝。"可知该类形象服饰宋初就被官方要求便利实用，同时体现阶层秩序。

（二）战兵

战兵，即对外作战的兵卒。北宋苏轼的《上皇帝书》曰："又城大而兵少，缓急不可守，今战兵千人耳。"其中的战兵就是从事战斗的兵士。北宋军队建制完善，军种多样，有禁军、厢军、乡兵、蕃兵等，服饰形制较为复杂（见图 3-61~ 图 3-64）。其服饰以提升战斗的实用功效为追求目标，相比以往科学性、有效性设计有较大进步。

图 3-61（1）战兵型服饰式样图绘

　　这是战斗中的甲兵服饰式样图绘，内容为：兜鍪、身甲、交领窄袖缺胯长衫（底摆交结于裆下）、交领汗衫、小口裤（缚裤）、勒帛、护腋垫、连底膝裤、系带练鞋。其中，身甲的基本结构可以借鉴着装图之右图[1]，此形态也可用于背面防护。其主体色彩可为银、褐、姜黄、白等色。

1　孙雅芬，于孟晨，贺菊玲等：《武经总要注》上卷，西安：西安出版社，2017 年，第 265 页。

图 3-61（2）战兵典型服饰式样图绘

　　这是铁甲战兵的典型服饰式样图绘，内容为：兜鍪、窄顿项、披膊、臂甲、身甲、流苏锦绣圆领战袍、窄袖缺胯交领长内衣、勒帛、白色小口长裤、翘头粉底履。其身甲可借鉴其右平面图 [1] 所示基本结构予以理解，此形态更加重于背面防护。其主体色彩可为银、褐、姜黄、白等色。

1　孙雅芬，于孟晨，贺菊玲等：《武经总要注》上卷，西安：西安出版社，2017 年，第 268 页。

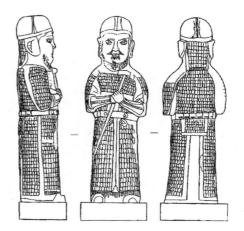

图 3-61（3）战兵典型服饰式样佐证图一

　　其佐证图上：山西省高平市开化寺壁画（局部，北宋）中的甲士，其着兜鍪、裲裆式身甲等，后身甲形为短后形态；其内着黄棕色或褐色交领窄袖衫，衫摆前后系结于裆下，下着白色小口裤并缚裤、练鞋。下：河南巩义北宋帝陵永昌陵武士雕像[1]，其着兜鍪、窄顿项、披膊、护臂、身甲、窄袖缺胯衣、白色小口长裤，下着翘头粉底履，胸前有勒帛（束甲袢），后臀为一短甲，也是短后衣形态。与前述仪卫甲兵的礼仪性、装饰性不同，也与前代形制不同，这是宋代典型的、实用至上的重甲。

1　孟凡人：《北宋帝陵石像生研究》，《考古学报》，2010 年第 3 期，第 353 页。

PANTONE 14-5002TPX

PANTONE 19-0617TPX

PANTONE 16-0948TPX

PANTONE 11-0601TPX

图 3-62（1）战兵典型服饰式样图绘

　　这是普通战兵的典型服饰式样图绘，内容为：白色系带褐缘革笠、裲裆甲、交领窄袖缺胯衣（底摆交结于裆下）、软交领汗衫、勒帛、护腋垫、革带、白色小口长裤、行縢、系带麻鞋，是北宋普通兵卒的典型着装，具有百工代表性，特作彩色图绘再现。

图 3-62（2）战兵典型服饰式样图绘

　　这是战兵中的将军亲卫服饰式样图绘，内容为：红缨花瓣式宽沿笠帽、帔巾、交领窄袖短中单（无衩）、软交领汗衫、裲裆甲、护臂、围肚、锦缘捍腰、勒帛、革带、纹饰小口长裤、行縢、系带云头镶鞋。

图3-62（3）战兵典型服饰式样佐证图二

　　其佐证图上左图与上右图：山西省高平市开化寺壁画（局部，北宋）中乘骑枣红马的骑兵，其着顶部凸起的白色系带皮革笠帽、裲裆甲、褐色窄袖短衣，胸前有束甲袢，下身应着白色小口裤并缚裤或行縢、线鞋等。下图：《白描免胄图卷》（局部，北宋李公麟，台北故宫博物院藏）中郭子仪的侍从甲兵，其着红缨花瓣宽檐笠帽、帔巾、窄袖短内衣、裲裆甲、护臂、围肚、捍腰、勒帛、小口裤、系带云头镶鞋，应为中军兵卒的代表性式样。这两种形象很独特，不同于前代。由此也可判断，宋代兵卒的笠帽式样是很多样的。

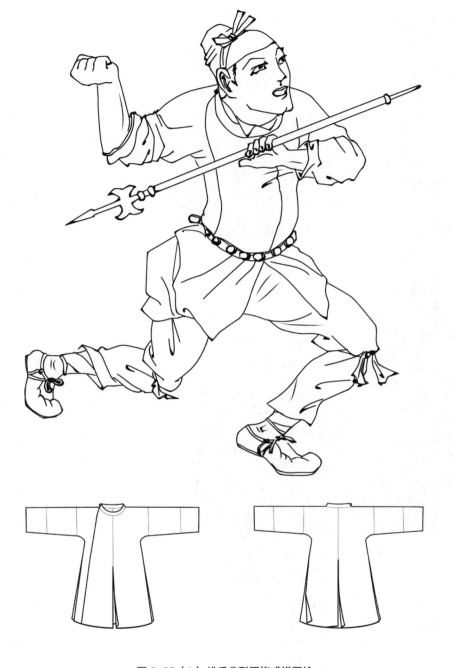

图 3-63（1）战兵典型服饰式样图绘

　　这是普通战兵的服饰式样图绘，具体内容为：前结脚幞头、圆领小袖四䘿衫（衣摆提扎腰间）、窄袖短汗衫、革带、白长裤（绯红帛带缚裤）、行縢、系带练鞋，整体色彩以青灰、绯红等为主。其下为四䘿衫的结构展开图，其与一般缺胯衫的开衩方式有所差异，是兵卒常见外衣。

图 3-63（2）战兵典型服饰式样图绘

　　此战兵服饰式样图绘内容为：皂底镶纹宽檐头盔、圆领窄袖缺胯短衫（衣摆提挂于革带）、裘皮手甲、革带、交领窄袖缺胯中单、小口长裤（绯红缚带缚裤）、系带练鞋。该兵种着装色彩较丰富，可有绯红、金黄、淡黄、青灰、皂、白等色彩搭配。其下平面结构图为圆领窄袖缺胯短衫的展开图，展示了一种特殊的前后衣长不同的缺胯短衫（后衣长过膝，前衣长不足膝盖）。

图 3-63（3）战兵典型服饰式样图绘

　　这是宋代步军着装形象，具体内容为：系带裹巾、半臂对襟系带短衫、交领齐膝短中单、白色窄袖软交领短汗衫、裲裆甲、护臂、捍腰、勒帛、革带、小口白裤、高勒靴。其搭配色彩也较为丰富，可有深灰、麻灰、绯红、浅红、金黄、灰绿等色。

图 3-63（4）战兵典型服饰式样佐证图三

其佐证图为《搜山图》（局部，南宋佚名，北京故宫博物院藏）中兵卒模样的魔怪。左一角色着前结带幞头、圆领小袖四襈衫、革带、白长裤红缚带、系带练鞋等；中下角色着皂底镶纹宽檐头盔、圆领窄袖缺胯衫（衣摆提挂于腰间）、手甲、革带、淡黄内衣、白色长裤加红色缚带方式、练鞋等；右一角色着麻色系带裹巾、青灰半臂对襟系带短衫（多为有花色的半臂短衫，被称为绣衫）、淡红交领短中单、白色窄袖短汗衫、裲裆甲、护臂、护腰、勒帛、革带、白裤、高勒靴，为典型普通步军形象。另一角色不完整且基本同于前述裲裆甲兵，不做赘述。虽为南宋图例，但其反映内容经典，均可佐证北宋中晚期兵士服饰式样。

百工百衣

风尚图绘再现

兵卒

图 3-64（1）战兵典型服饰式样图绘

　　此战兵图绘的具体内容为：前结脚短顶幞头、乌锤甲裲裆衣、交领半臂宽衫（无袂）、白色窄袖软交领中单、捍腰、革带、勒帛、小口裤（缚裤）、软筒靴。着装色彩也较为丰富，可有绯红、金黄、淡紫、蓝灰、浅灰、白色等色。

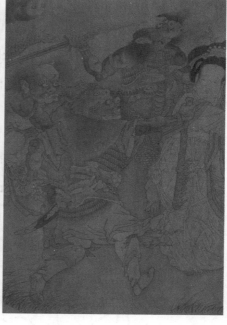

图 3-64（2）战兵典型服饰式样佐证图四

　　佐证图均为《搜山图》（局部，南宋佚名，北京故宫博物院藏）中兵卒模样的魔怪。左：其着前系结青灰短顶幞头、紫缘乌锤甲裲裆衣、灰色小袖耸褶领短衣，其正面形象应可补充右侧例证内容。右：以居中者为代表，其所着首服可代以左图幞头来佐证宋军式样，另有紫色半臂衣、裲裆铠甲、捍腰、革带、帛带、缚裤、软筒靴等内容，辅助佐证了前述相关形象的典型性。

（三）社会治理类兵卒

　　社会治理相关兵卒是一个成分内容十分庞杂的大类，包含京畿消防工作中的禁军、侍卫、赈灾工作中的厢军、修城捕盗工作中的乡兵等，涉及社会保障、信息传输、居民服务、交通运输等多种社会行业领域，类似当今诸多警察角色。有的着装形象前文已有提及，这里仅对未涉及相关形象进行图绘再现（见图 3-65~ 图 3-70）。

图 3-65（1）社会治理类兵卒典型服饰式样图绘

这是较为典型的社会治理类兵卒服饰式样图绘，具体内容是：丫顶漆纱幞头、圆领窄袖缺胯短衣（衣摆裹结腰间）、窄袖交领短中单、腰裙、白色小口长裤、草鞋。其着装所涉及色彩类别可见图 3-65（2）所示。

兵卒

PANTONE 14-1312TPX

PANTONE 18-3910TPX

PANTONE 19-0506TPX

PANTONE 18-1033TPX

PANTONE 11-0601TPX

图 3-65（2）社会治理类兵卒典型服饰式样图绘

此处图绘的具体内容是：后交脚漆纱幞头、圆领窄袖缺胯短衣（衣摆提裹腰间）、窄袖交领缺胯短中单、白色软交领汗衫、短腰裙、白色小口长裤、草鞋。此着装具有较强宋代百工代表性，特给予彩绘表现。

图 3-65（3）社会治理类兵卒典型服饰式样佐证图一

　　其佐证图均为张择端版《清明上河图》之局部。上左：两位兵士应为官家亲兵，均着丫顶黑漆圆头幞头、圆领小袖褐衣（衣摆扎腰）、白色窄袖交领缺胯中单、白色软交领汗衫、粉色腰裙、白色小口长裤、草鞋。上右：该兵卒应为下民户办理公务者，其着装与上左相类，只是上衣色彩不同。下左：这应是具体负责专项公务的兵卒，其着交脚漆纱幞头、圆领窄袖青灰缺胯短衣，其他类同上左。下右：这应是出外办差的兵卒，所着与上左相类；但其上衣为皂衣，应为具有较高职位、规范更为严苛的军士。

图 3-66（1）社会治理类兵卒典型服饰式样图绘

　　这是递铺铺兵的一种服饰式样图绘，具体内容为：缁冠、中袖皂缘齐膝交领衣（背系宽袖）、窄袖交领短中单、交领汗衫、围肚、捍腰、革带、勒帛、小口白裤（缚裤）、乌靴。整体色彩也较丰富，可有绯红、褐、金黄、皂、白等色。

图3-66（2）社会治理类兵卒典型服饰式样佐证图二

　　此佐证图为《四烈妇图册》（局部，元代佚名，广州艺术博物院藏）中的铺兵，两人着装基本一致，只是色彩不同，应为主副或左右角色差异。其着缁冠、中袖皂缘齐膝交领衣（背系宽袖）、窄袖交领中单、交领汗衫、围肚、捍腰、革带、勒帛、缚裤、乌靴，是急递铺之急脚递铺兵形象。虽为元代画作，服饰却符合宋制。

PANTONE 14—1312TPX

PANTONE 18—3910TPX

PANTONE 19—0506TPX

PANTONE 18—1033TPX

PANTONE 11—0601TPX

图 3-67（1）社会治理类兵卒典型服饰式样图绘

　　这也是铺兵形象图绘，内容是：系带皂巾、圆领小袖缺胯褐色短衣（缠裹腰间）、圆领小袖白色短中单（领口散开）、软交领白汗衫、浅紫腰裙、白色小口长裤（缚裤）、行縢、系带练鞋。该铺兵形象较具有百工典型，特以彩绘呈现。该着装外衣可有青灰色款式。

图 3-67（2）社会治理类兵卒典型服饰式样图绘

　　这是另一类普通铺兵的图绘，内容是：系带皂巾、圆领小袖缺胯短衣（提摆缠裹腰间）、交领窄袖短中单、软交领汗衫、浅紫腰裙（后身叠袂）、白色小口长裤（缚裤）、无底膝裤、系带练鞋。着装色彩可参考图 3-67（1）。

图 3-67（3）社会治理类兵卒典型服饰式样佐证图三

此佐证图为《清明上河图》（局部，北宋张择端，北京故宫博物院藏）中的铺兵。上：有两类形象。其一为皂巾、灰褐色圆领小袖短衣（底摆裹扎腰间）、腰带、白色中单、浅紫色腰裙、膝裤、系带帛鞋的配套；其二为皂巾、灰褐或白色圆领小（或窄）袖短衣（底摆裹扎腰间，白色应为中单效果）、腰带、白色中单、浅紫色腰裙、缚裤、系带帛鞋的配套。二者差异存在于有无长裤、膝裤或缚裤之间。下：为上图缚裤形象的放大佐证。铺兵多为厢军充任。

图 3-68（1）社会治理类兵卒典型服饰式样图绘

　　这是巡逻治安类兵卒的服饰式样图绘，具体为：系带皂巾、圆领小袖缺胯短衣（前摆缠裹腰间，领口散开）、交领窄袖缺胯至膝中单、垂长带腰裙、白色小口长裤（缚裤）、系带练鞋。着装色彩常有青灰、黄褐、黄绿、皂、白等色。

图 3-68（2）社会治理类兵卒典型服饰式样佐证图四

　　此佐证图为北宋郭发绘制壁画（局部，山西高平开化寺）中的军巡铺兵形象，其着皂色敁巾、散口圆领褐色小袖短衣、白帛带青灰腰裙、交领白长袖中单、白色缚裤、练鞋，是北宋典型的铺兵形象，相比递铺铺兵服饰形制更为规范，与前述形象多有相似。

图 3-69（1）社会治理类兵卒典型服饰式样图绘

　　这是县衙隶卒的服饰式样图绘，具体为：皂色硬脚幞头、圆领小袖缺胯过膝长衣（衣摆缠裹腰间）、交领窄袖缺胯短中单、腰裙、白色小口长裤（缚裤）、行縢、后缩褶练鞋。其着装色彩常有褐色、青灰、皂、白等色。

图 3-69（2）社会治理类兵卒典型服饰式样佐证图五

　　此佐证图为《春游晚归图》（局部，宋佚名，北京故宫博物院藏）中的兵卒形象，其着皂色硬脚幞头、褐色小袖圆领外衣、白色交领缺胯中单、白色缚裤、练鞋。从其规范着装看，应为北宋治安类兵卒常有形象，但也有称其为差吏[1]，属于胥吏。县衙兵卒皂吏形象多有类似。

1　沈从文：《中国古代服饰研究》，北京：商务印书馆，2011 年，第 525—527 页。

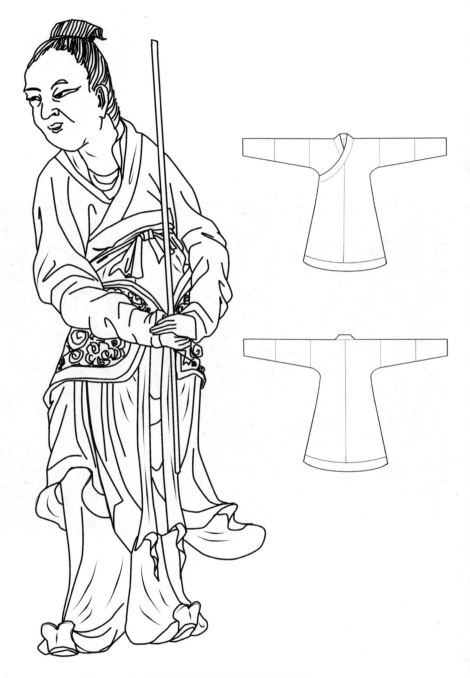

图 3-70（1）社会治理类兵卒典型服饰式样图绘

　　这是厢军中官府杂役兵卒的服饰式样图绘，具体为：缁冠、皂缘交领窄袖至膝短衣、围裳、捍腰、勒帛、高软交领汗衫、白色大口裤、皂色岐头履。此处皂缘交领窄袖至膝短衣有一定的特殊之处，其领缘为皂色，而摆缘宽度与领缘相似且与衣身同色，其平面结构图如右图，与此前同类交领衣结构图有差异。

图 3-70（2）社会治理类兵卒典型服饰式样佐证图六

此佐证图为《豳风七月图卷》（局部，南宋马和之，美国弗利尔美术馆藏）中的厢兵形象，即老者身后的两位持械侍卫。其着缁冠、皂缘交领窄袖短衣、围裳、捍腰、勒帛、软交领内衣、白色大口裤或缚裤、白膝裤（长袜）、皂色岐头履等，为身份较高的厢军兵卒。

兵卒分类多样，服饰式样繁多，不仅外衣丰富，其内衣及局部配件式样也值得后续展开研究，其中应饱含深厚的宋代管理思想和道德规范。

本部分图绘再现兵卒职业服饰不同式样共计 51 套，其中最具百工代表性式样共计有 4 套，所载经典式样与生活方式也深具当代启发性。

表 3-9 兵卒职业服饰细节经典提纯

图别	图例	说明
首服		方顶漆纱前交脚幞头、褐缘白色革笠、方顶漆纱后交脚幞头、皂色结脚巾等都是宋代普通兵卒的典型首服，其与上衣搭配具有百工特征，特别是皂色结脚巾更是普遍存在于多种百工，特色鲜明。具体见图 3-44 (2)、图 3-62 (1)、图 3-65 (2)、图 3-67 (1)。
上衣		仪卫圆领上衣的青灰色、卷摆、小袖，甲兵的裲裆、勒帛、交领窄袖等是兵卒类上衣经典。具体见图 3-44 (2)、图 3-62 (1)。
下装		仪卫下装的衣裤装层次式样、甲兵下摆的交结、治安兵下摆的提卷，以及其彩色腰裙、小口裤便捷处理方式等都是经典下装细节。具体见图 3-44 (2)、图 3-62 (1)、图 3-65 (2)、图 3-67 (1)。

兵卒

图别	图例	说明
足衣	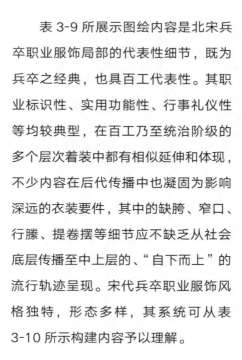	系带深口练鞋、系带麻鞋、系带浅口白履、系带草鞋，以及膝裤、行縢等为经典，在多个阶层均有穿用，而其深口鞋是仪卫典型。具体见图 3—44(2)、图 3—62(1)、图 3—65(2)、图 3—67(1)。

表 3-9 所展示图绘内容是北宋兵卒职业服饰局部的代表性细节，既为兵卒之经典，也具百工代表性。其职业标识性、实用功能性、行事礼仪性等均较典型，在百工乃至统治阶级的多个层次着装中都有相似延伸和体现，不少内容在后代传播中也凝固为影响深远的衣装要件，其中的缺胯、窄口、行縢、提卷摆等细节应不缺乏从社会底层传播至中上层的、"自下而上"的流行轨迹呈现。宋代兵卒职业服饰风格独特，形态多样，其系统可从表 3-10 所示构建内容予以理解。

百工百衣

风尚图绘再现

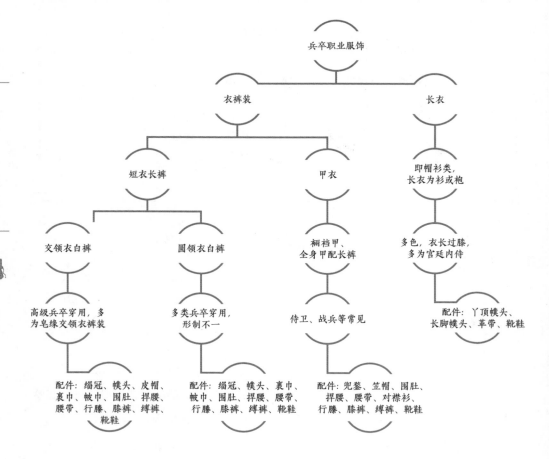

兵卒

表 3-10　兵卒代表性职业服饰谱系

兵卒职业服饰

衣裤装

长衣

短衣长裤

甲衣

即帽衫类，长衣为衫或袍

交领衣白裤

圆领衣白裤

裲裆甲、全身甲配长裤

多色，衣长过膝，多为宫廷内侍

高级兵卒穿用，多为皂缘交领衣裤装

多类兵卒穿用，形制不一

侍卫、战兵等常见

配件：丫顶幞头、长脚幞头、革带、靴鞋

配件：缁冠、幞头、皮帽、裹巾、帗巾、围肚、捍腰、腰带、行縢、膝裤、缚裤、靴鞋

配件：缁冠、幞头、裹巾、帗巾、围肚、捍腰、腰带、行縢、膝裤、缚裤、靴鞋

配件：兜鍪、笠帽、围肚、捍腰、腰带、对襟衫、行縢、膝裤、缚裤、靴鞋

　　兵卒服饰是在延续其他平民职业服饰形制的基础上，融合了必备礼仪与实用功效之后而形成的一种专业化服饰装备，其配件多样，多有礼仪与实用的双重功效。其中甲衣是其典型类别，此外衣裤装、帽衫装也都能在头盔、捍腰、行縢等实用配件的结合下升级为兵卒服饰装备。

　　从图证资料及图绘再现可见，宋代兵卒多有巾帛、衫袍加身，弱化了武力装备凸现的逼人锐气与威慑之力，代之以谦逊、恭谨的儒雅韵味，这是宋代兵卒服饰的独特之处。

僧人

　　随着宋代经济的繁荣，僧侣职业也进入百花齐放的发展时期。该群体不仅在佛教事业中非常活跃，同时也大幅度参与到经济生活中，雇工、职役角色的僧侣十分多见，此从前文《东京梦华录》记载的"道士僧人，罗立会聚，候人请唤，谓之'罗斋'"的内容也可明确。此外，以商海主角身份深入世俗者也比比皆是。《东京梦华录》有载："相国寺，每月五次开放，万姓交易。大三门上皆是飞禽猫犬之类，珍禽奇兽，无所不有……近佛殿，孟家道冠王道人蜜煎、赵文秀笔及潘谷墨，占定两廊，皆诸寺师姑卖绣作、领抹、花朵……"[1]北宋第一大寺院相国寺成为大型商贸市场，其中佛道各家均有商货销售。在此环境中，也免不了产生不少具有俗心的僧人。《画墁录》所载："相国寺烧朱院，旧日有僧惠

1　上海师范大学古籍整理研究所编：《全宋笔记》第 5 编第 1 册，郑州：大象出版社，2012 年，第 134—135 页。

明善庖，炙猪肉尤佳，一顿五勋。杨大年与之往还，多率同舍具飡。一日，大年曰：'尔为僧，远近皆呼烧猪院，安乎？'惠明曰：'奈何？'大年曰：'不若呼烧朱院也。'都人亦自此改呼。"[1] 这么好的厨艺，在这样的商业环境中远近闻名，也应当有着十分可观的商业收益。《老学庵笔记》还载："今僧寺辄作库质钱取利，谓之长生库，至为鄙恶。予按，梁甄彬尝以束苎就长沙寺库质钱，后赎苎还，于苎束中得金五两送还之。则此事亦已久矣。庸僧所为，古今一揆，可设法严绝之也。"[2] 僧人从商虽然有助于经济发展，但也以此说明其从商的行为被当时世人憎恶。僧人致富之后也不可避免地动了俗心，娶妻生子时有发生。《清异录》中有关于"梵嫂"的记载："相国寺星辰院比丘澄晖，以艳倡为妻，每醉点胸曰：'二四阿罗，烟粉释迦。'又：'没头发浪子，有房室如来。'快活风流，光前绝后。"[3] 可见当时僧侣的俗心状态。

这样一来，宋代僧人显然成为一个世俗职业，少了以往戒律的束缚，世俗化程度空前，这使其职业服饰有了大幅度世俗化特征。具体讲，深入俗世的僧人会在居民服务业、社会保障业、文体娱乐业、信息传输业等行业中从事不同岗位的服务性、商业性工作，其职业服饰也相较以往有了相应的适用性变化。

1　上海师范大学古籍整理研究所编：《全宋笔记》第 2 编第 1 册，郑州：大象出版社，2006 年，第 197 页。
2　上海师范大学古籍整理研究所编：《全宋笔记》第 5 编第 8 册，郑州：大象出版社，2012 年，第 68 页。
3　上海师范大学古籍整理研究所编：《全宋笔记》第 1 编第 2 册，郑州：大象出版社，2003 年，第 31 页。

（一）比丘

比丘为佛教中受具足戒者，是社会活动中参与度最广的僧人群体，其着装最具职业代表性（见图3-71~图3-76）。基本服饰内容为僧帽、海青、衫袍、袈裟（三衣）、帛带、鞋履等。

PANTONE 19-0506TPX

PANTONE 18-0940TPX

PANTONE 11-0601TPX

图 3-71（1）比丘典型服饰式样图绘

这是比丘中的头陀角色着装，具体内容为：皂缘短款小袖僧衣（中腰提扎于帛带，实际衣长及小腿中下）、白色交领小袖中单、帛带、齐膝宽口短裤、系带草鞋。这是僧人形象中的行者装扮，对世俗着装多有借鉴。其右下结构图为外衣式样展开表达，是一种小袖皂缘僧衣（底缘比袖缘要宽），细节上与前述皂缘交领外衣不同。

图 3-71（2）比丘典型服饰式样佐证图一

　　此佐证图为《清明上河图》（局部，北宋张择端，北京故宫博物院藏）中的苦行僧，常云游四方乞食，兼卖药行医、五更报晓等服务换得报酬。其肩背经笈（即行笈、书箱），着皂缘短款小袖僧衣（即中衫，应提摆扎腰）、白色内衣、帛带（挂满零碎物件）、短裤、草鞋，典型的行者装扮。

图 3-72（1）比丘典型服饰式样图绘

　　这是一个杂役僧的形象，图绘内容为：交领小袖无衩长衫（偏袒左肩，左袖与下摆扎腰）、白色圆领小袖中单、软交领内衣、黑绦带、小口白裤、赤足。青灰、白是其主体色彩。其外衣形态抽象，具体结构可参见图 3-13（2）中的结构图表达。

PANTONE 18—0506TPX

PANTONE 17—4139TPX

PANTONE 14—6308TPX

PANTONE 11—0601TPX

图 3-72（2）比丘典型服饰式样图绘

　　这是一个洗濯中的僧人，图绘内容为：卡其绿面宝石蓝内里中袖交领无衩夹衣（长褂，下摆提扎腰间）、皂色绦带、白色交领小衫、小口白裤、白色行縢、赤足，代表了僧人日常生活形象，也代表一般百工，特以彩绘呈现，可从其色卡感受僧衣色彩的多样性。

图 3-72（3）比丘典型服饰式样图绘

　　这是高级僧人常有的便装形象，图绘内容为：中袖交领过膝缺胯中衫、白色交领缺胯中单、软交领内衣、宽围裳（裳角提扎腰间）、白色帛带、白色宽口长裤、白袜、皂色笏头履。

图 3-72（4）比丘典型服饰式样图绘

　　这也是比丘的日常着装，图绘内容是：交领过膝中衫、花色缘带、白色交领中袖小衫、小口白裤、草编夹趾拖。其色彩较为丰富，可有蓝灰、姜黄、枯草黄、白等色。

图 3-72（5）比丘典型服饰式样佐证图二

此佐证图上左：为《八高僧图》（局部，南宋梁楷〈传〉，上海博物馆藏）中的杂役僧形象，其所着应为青灰色交领长衫（左袖褪去裹扎后腰，下摆提扎腰间）、白色圆领小袖内衣（可称短褂或小衫）、黑绦带、小口白裤，赤足，为隐逸高僧的平民化形象。上右与下左均自《罗汉洗濯图》（局部，南宋林庭珪，美国弗利尔美术馆藏）。上右：其左侧罗汉着青灰色交领拼摆长衫、横纹色织腰带、白色交领中袖小衫、草编夹趾拖。右侧罗汉着姜黄色交领中衫（或称中褂、罗汉褂）、蓝花色绦带、白色交领中袖小衫、小口白裤、草编夹趾拖。下左：其左侧罗汉着草绿色交领中衫（下摆提扎腰间）、皂色绦带、白色交领小衫、大口白裤、白色行縢、赤足。右侧罗汉着青绿色皂麻点交领中衫、白色交领小衫、大口白裤、红革带夹趾拖。下右：为《唐僧取经图册》（局部，元代王振鹏〈传〉，日本奈良药师寺藏）中的出家人形象，右侧僧人着青绿色中袖交领短衫、白色交领缺胯中单和汗衫、褐色下裳、白色帛带、白色大口长裤、白袜、皂色笏头履。虽为元代作品，但基本形制反映了宋代旧制。

图 3-73（1）比丘典型服饰式样图绘

　　此为比丘的海青套装类图绘，具体内容是：大袖交领至踝海青（可有皂缘或无缘）、白色交领中袖小衫（中单，可有皂缘或无缘）、交领小内衣、宽帛带、草编系带鞋，一般以青灰色、土黄色等为主色。海青是僧人的制式服装，结构简洁而大气，除衣领之外无缘边，具体可参见其右下平面结构示意图，与前述交领直裰有细微差异（如袖肥、缘边等）。

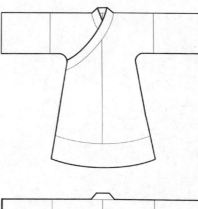

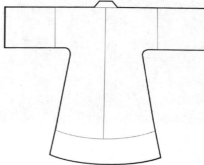

图 3-73（2）比丘典型服饰式样图绘

　　此为比丘的另一类海青套装类图绘，具体内容是：中袖缺胯交领长衫、交领拼摆长中单、皂色绦带、白色交领小衫、皂色帛鞋。其套装色彩一般以青灰、褐、皂、白等为主体。其中单的拼摆式样值得品味，是僧人材料应用中节俭意识与阴阳观念的体现，具体结构如其右下图所示。

图 3-73（3）比丘典型服饰式样佐证图三

此佐证图左上：《八高僧图》（局部，南宋梁楷〈传〉，上海博物馆藏）中的和尚着青灰色海青、白色交领小衫、淡黄色宽帛带、青灰底草鞋。左下：《醉僧图》（局部，南宋刘松年〈传〉，台北故宫博物院藏）中的僧人，其着浅灰色中袖缺胯长衫、皂色缘带、深灰色交领小袖拼摆长衫、白色交领小衫、皂色帛鞋，袈裟置于一旁，为一醉酒高僧。右：《五百罗汉图之应身观音图》（局部，南宋周季常，美国波士顿艺术博物馆藏）的左上为一和尚，其着皂色大袖海青、皂缘麻灰中袖长衫、白色交领小袖小衫，下着可能为草鞋或帛鞋。

PANTONE 19—1317TPX

PANTONE 18—1033TPX

PANTONE 11—0601TPX

图 3-74（1）比丘典型服饰式样图绘

　　这是比丘的袈裟套装图绘之一，具体内容为：紫色袈裟、黄褐海青、小袖交领白中单、白裤、皂色单梁帛鞋，是经典的宋代袈裟套装，特作彩绘。

PANTONE 19—0506TPX

PANTONE 18—1350TPX

PANTONE 16—0924TPX

PANTONE 11—0601TPX

图 3-74（2）比丘典型服饰式样图绘

　　这是比丘的袈裟套装图绘之二，具体内容为：左肩式皂缘袈裟、皂缘大袖海青、白色软交领小衫、白色帛带、白裤、白短袜、皂色单梁帛鞋。这也是北宋比丘袈裟套装之典型，特作彩绘。其皂缘所搭色彩丰富，可有杏黄、驼黄、绯红、青绿、白等色。

PANTONE 19-0506TPX

PANTONE 11-0601TPX

图3-74（3）比丘典型服饰式样图绘

　　这是比丘的袈裟套装图绘之三，具体内容为：皂色袈裟、皂色大袖海青、皂缘中单、白色软交领小袖衫、灰黄色单梁帛鞋，是典型的朴素僧衣套装，反映了北宋常有的僧人简朴内敛之风貌，特作彩绘。此套装色彩还可有青绿、灰绿、淡紫、麦黄、白等色。

图 3-74（4）比丘典型服饰式样佐证图四

　　此处佐证图上左、上中：为《清明上河图》（局部，北宋张择端，北京故宫博物院藏）中右肩（或双肩）披挂袈裟的僧人，两者仅色彩不同，为袈裟、长衫或海青、白衫、白裤、帛鞋。上右：《山庄图》（局部，北宋李公麟，台北故宫博物院藏）中的和尚，其着左肩式袈裟、皂缘海青、白色交领小衫、白裤、白短袜、皂色帛鞋。下左：《大智律师图》（局部，南宋佚名，美国克利夫兰艺术博物馆藏）中的和尚，其着皂色袈裟、皂色海青、白色小袖衫、灰色单梁帛鞋。下中：《罗汉洗濯图》（局部，南宋林庭珪，美国弗利尔美术馆藏）中的比丘僧，其着紫灰色袈裟、青绿色海青、白色交领中袖衫，下应着白裤、帛鞋。下右：《韩熙载夜宴图》（局部，五代南唐顾闳中〈传〉，北京故宫博物院藏）中的僧人，其着浅驼色袈裟、驼色大袖海青、白色交领中袖中单、皂色帛鞋。佐证图基本都能反映北宋时期的袈裟风貌，可见其袈裟色彩的多样。

图 3-75（1）比丘典型服饰式样图绘

这也是袈裟类套装式样图绘，主要内容有：左肩锁环式袈裟、交领大袖海青、白色高圆领小袖中单、白色交领小袖衫、白色帛带、白袜、单梁白履。此套装中高耸的内衣圆领十分有趣，值得关注，具体可参见其右下推测性结构图所示。其配色常有墨绿、青绿、黄褐、驼、白等色。

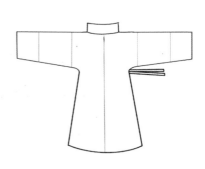

图 3-75（2）比丘典型服饰式样图绘

　　这是与图 3-75（1）配套相似的袈裟类套装式样图绘，主要内容有：左肩锁环式袈裟、交领大袖海青、白色高交领小袖中单、白色交领小袖衫、白色帛带、白袜、单梁白履。此套装中的交领也高耸，与前图高圆领可有一比，其效果好似将一条白绫缝制于普通交领之上，具体可参见其右上推测性结构图展示。对于图 3-75（1）、图 3-75（2）中的中单堆褶高领，因其外形循绕脖颈并堆叠出丰富曲线，学界多有与之相对应的"曲领"之说，感兴趣的读者可以查阅"方心曲领"的相关资料解读。特别是宋代朝服中的方心曲领，学界常说是源自隋代前后，当时曲领或方心曲领已经广泛存在。这种领形是用于压制、平服耸起的内衣交领，外围呈圆形而中心为方，类似一个围巾式项圈；但从大量传世画作与造像形态考察可见，这种高耸的领形多姿多态，所以应另有其他的实际形态，即如本研究所示两图便为新的可能性。对此，本研究也进行了局部试验制作研究，具体如图 3-75（2）的附图 1~3 所示。

附图1：立体假缝试制与效果分析　　附图2：平面试制与材料分析　　附图3：立体试穿与式样细节推定

图 3-75（2）附图　堆褶高领结构试验与推定

图 3-75（3）　比丘典型服饰式样佐证图五

　　此处佐证图除上右外均自北宋郭发绘制的开化寺壁画（局部，山西高平开化寺）。上左：僧人着绯色袈裟、绯缘墨绿色海青、白色小袖衫、白裤、白短袜、白履。上中：和尚着墨绿色袈裟、墨绿色海青、白色高圆领小袖中单、白色交领小袖衫、白色帛带、白履。上右：《五百罗汉图之应身观音图》（局部，南宋周季常，美国波士顿艺术博物馆藏）中的比丘僧，其着灰缝绯袈裟、驼色海青、白色小袖交领衫、大口白裤、白色短袜、皂色帛鞋。下左：以下方和尚为例，其着灰咖色袈裟、青绿色海青、白色高圆领小袖中单、白色交领小袖衫、白色帛带，足部可能着白履。下中：以右侧和尚为例，其他着灰咖色袈裟、灰咖色海青、白色高交领小袖中单、白色交领小袖衫、白色帛带，足部也可能着白履。下右：左侧为一和尚，也着灰咖色袈裟、灰咖色海青、白色高圆领小袖中单、白色交领小袖衫、白色帛带，足部应着白履。可知，高级礼佛场合的和尚礼服是四层穿叠的，其内衣领结构与剪裁方式也十分值得研究，其交领形态还可参考图3-76。

百
工
百
衣

风
尚
图
绘
再
现

僧
人

PANTONE 17-0123TPX

PANTONE 18-3910TPX

PANTONE 17-1107TPX

PANTONE 11-0601TPX

图 3-76（1）比丘典型服饰式样图绘

　　此处展示了又一类袈裟图绘，具体内容为：蓝灰面灰褐内里无缘袈裟（挂左肩而偏覆右肩，无锁扣）、青绿色大袖海青（拼摆）、白色交领小袖衫、白色软交领汗衫、白色帛带、绯色革带银灰饰扣夹趾拖，为经典套装式样，特作彩绘。此套装色彩也存有多种可能，还有灰褐、青灰、朱红、驼色等主色可用。

图 3-76（2）比丘典型服饰式样佐证图六

此佐证图为《五百罗汉图之应身观音图》（局部，南宋周季常，美国波士顿艺术博物馆藏）中的僧人与观音，左侧僧人着黄缝灰袈裟、青绿色海青、白色交领衫，其内衣领式样不同于前述开化寺壁画。右侧观音所着也是典型的袈裟套装，其为蓝灰色袈裟（挂左肩而偏覆右肩）、青绿色海青（拼摆）、白色交领衫、白色软交领内衣、红色革带夹趾拖。其交领内衣的自然褶皱造型值得关注。

此处展示了比丘所着常服与法服，是北宋的典型僧衣内容。其中的衫服就是直裰形制，只是长短有讲究。海青制式基本类同直裰，只是更加宽大，并非当今所见应包含"三宝领""五十三行蓝线（寓意：善财童子五十三参）"以及作部分封口的大袖等在内的规制严苛的制式。在市井中，皂缘中衫及通肩袈裟套装较为常见，可用于云游乞食和民间报晓。

（二）沙弥

沙弥是佛教徒中已受十戒而尚未受具足戒的男僧，其出家的年龄应在七岁至二十岁。年龄不同，称名不同，七至十三岁为驱乌沙弥，十四至十九岁为应法沙弥，二十岁至七十岁之间依然未受具足戒者为名字沙弥。虽年龄跨度较大，但着装规格是相近的（见图3-77~图3-79）。

图 3-77（1）沙弥典型服饰式样图绘

缦衣、海青搭配的套装为沙弥的礼服法衣，其图绘内容为：缦衣、大袖拼摆海青、交领长衫、软交领汗衫（小衫）、单梁单舌帛鞋。其色彩一般素雅，可与比丘礼服形成层次差异，基本为同一色调，如灰绿、青灰、褐、白等色。

图 3-77（2）沙弥典型服饰式样佐证图一

此处佐证图左上：《八高僧图》（局部，南宋梁楷〈传〉，上海博物馆藏）中着装如沙弥的僧人（实则为高僧），其着青绿色缦衣、草绿色海青、白色内衣，下应着白裤、帛鞋。左下：《白莲社图》（局部，北宋张激，辽宁省博物馆藏）中的沙弥形象，其着浅皂色缦衣、浅皂缘海青、白裤、皂色帛鞋。右：《五百罗汉图之应身观音图》（局部，南宋周季常，美国波士顿艺术博物馆藏）中的沙弥形象，其着褐色缦衣、草绿色海青、白色交领内衣。其缦衣与比丘袈裟相似，但无福田格形态的面料分割。

百工百衣

风尚图绘再现

僧人

图 3-78（1）沙弥典型服饰式样图绘

　　此处为沙弥的常服式样，其图绘内容为：宽皂缘交领中袖卷草纹短衫（今称短褂）、花纹交领短中单、帛带、小口白裤、皂色无底膝裤、白短袜、皂色翘头履。其整体色彩单一，皂、青灰、白色为主体。其短衫是一种皂缘中袖（相比小袖要大不少，平伸袖身其袖口下缘可至腰线）且衣身较短（仅至臀围线下）的交领衣，前文少见，其结构图可参见其左下展开图示。

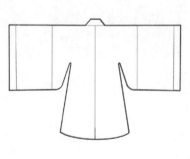

图 3-78（2）沙弥典型服饰式样图绘

　　此为沙弥的常服式样，其图绘内容为：皂缘大袖交领散点云纹海青、中袖交领白色长中单、皂色帛带、白裤、帛履。此为借鉴多类传世图像进行的完整着装推测，色彩也较单调，具体可参考相关前图。此海青，是一种皂缘大袖长衣，其皂色缘边方式和廓形比例与前述诸图的结构建构不同，底缘无皂，应隐含了某种文化理念，具体可参见其右下平面图。

图 3-78（3）沙弥典型服饰式样佐证图二

此处佐证图均自《十八罗汉图册》（局部，北宋李公麟）。左：小沙弥着皂缘交领卷草纹短衫（今称短褂）、花纹交领中单、白色内衣、帛带、白裤、皂色膝裤、白袜、皂色翘头履。右：该沙弥着皂缘大袖交领散点云纹衫、中袖交领白衫、皂色帛带，下应着白裤、帛履。

图 3-79（1）沙弥典型服饰式样图绘

　　此为沙弥出行或杂役工作中的典型常服式样图绘，具体内容是：皂缘窄袖缺胯短衫、白色交领短汗衫、围裳（裹摆于腰间）、白色缚裤、行縢、皂鞋、行囊（系裹于腰间）。这虽是典型的沙弥着装，也很具有百工代表性，但僧人的职业特征不突出，不做彩绘。其色彩也较丰富，可有紫黑、驼、杏黄、皂、白等色。

图 3-79（2）沙弥典型服饰式样图绘

此亦为沙弥出行或杂役工作中的典型常服式样图绘，具体内容是：皂缘小袖无衩中衫、白色交领短内衣、白色帛带、白色小口缚裤、行縢、皂色无系带帛鞋。其色彩常为黄褐、青灰、皂、白等单调之搭配。

图 3-79（3）沙弥典型服饰式样佐证图三

　　此处佐证图均自《十八罗汉图册》（局部，北宋李公麟）。上：小沙弥着皂缘交领卷草纹短衫（今称短褂）、花纹交领中单、白色内衣、帛带、白裤、皂色膝裤、白袜、皂色翘头履。下：该沙弥着皂缘大袖交领散点云纹衫、中袖交领白衫、皂色帛带，下应着白裤、帛履。

本部分图绘再现僧人职业服饰不同式样共计 18 套，其中最具代表性式样共计有 6 套。

表 3-11 僧人职业服饰细节经典提纯

图别	图例	说明
首服		此处所示并非实际首服形象。其首服有僧伽帽、皂色头巾等，但日常生活少见，而短发、光首则多见。具体见图 3-72 (2)、图 3-76 (1)。
上衣		皂缘交领小袖、同色缘中袖面里异色、左或右肩袈裟、海青大袖、披左覆右、环形锁扣或吊结带、无锁扣而搭腕、软领内衣、四层着衣、驼黄绯色、单色一体等都是北宋常有经典方式和内容。具体见图 3-71 (1)、图 3-72 (2)、图 3-74 (1)、图 3-74 (2)、图 3-74 (3)、图 3-76 (1)。

图别	图例		说明
下装			提摆配短裤、腰带方式、行縢、白摆层次、多彩下装、帛带长垂等也是其经典内容。具体见图 3-71(1)、图 3-72 (2)、图 3-74 (1)、图 3-76 (1)。
足衣			草编系带鞋、单梁粉底皂色或麻黄色帛鞋、夹趾拖鞋等为常见足衣，具有独特职业性和百工一般性。具体见图 3-71 (1)、图 3-74 (2)、图 3-74 (3)、图 3-76 (1)。

　　表 3-11 集中展示了北宋僧人职业服饰局部的经典细节，表现出职业交叉、简朴而丰富的形态特征，其自然洒脱而功能强大的便捷衣着方式值得研究，其中袈裟、海青、衫裤、结带、鞋履等式样以及异色缘边、扣结、层次、色彩等应用方式，与后世多有不同，但其可提取以作再次应用的价值却很突出。僧人职业服饰也具有内容丰富且规制鲜明的着装系统，具体见表 3-12。

表 3-12　僧人代表性职业服饰谱系

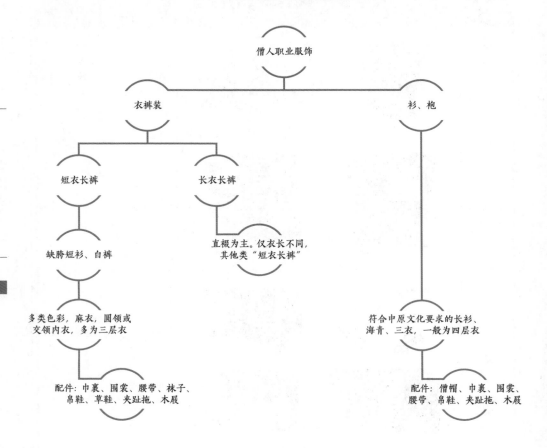

僧服除了礼佛时的庄重着装方式外，其他服饰内容及其应用方式都可在俗世生活与经营活动中找到。相比以往，僧人服饰有了较大程度的类平民化、世俗化的形态演进。

　　僧人，本应为本分的遁世一族，而在宋代却频频入世，弱化了曾有的价值观，其服饰自然大不同于以往，与社会职业相关性不断增强，交叉性突出。相较后世，其服饰的宗教职业化程度不高，但形制丰富，这显然是十分特殊的发展阶段。

道人

　　北宋有着浓厚的儒、释、道"三教合一"思想氛围，道家教义与文化深受重视，宋太宗、宋真宗等最高统治者笃信道教，宋神宗更是将道家养生哲学奉为经典，所以道家服饰作为其教义之承载对社会影响极其深远。同时，道人也与僧人一样有着较好的文人素养，出家前必须通过一定水平的文化考试，"没有文化不能为僧道"[1]。所以，其能力素质在文明水平极高的宋代有着较佳的职业发展适用性，在社会工商及服务业活动中有着广泛的参与度。于是，其道衣有着深刻的世俗结合度，是汉族士人阶层传统服饰经典式样的再现与发展（见图 3-80~ 图 3-83 ）。

1　程民生：《论宋代僧道的文化水平》，《浙江大学学报（人文社会科学版）》，2019 年第 49 卷第 3 期，第 30 页。

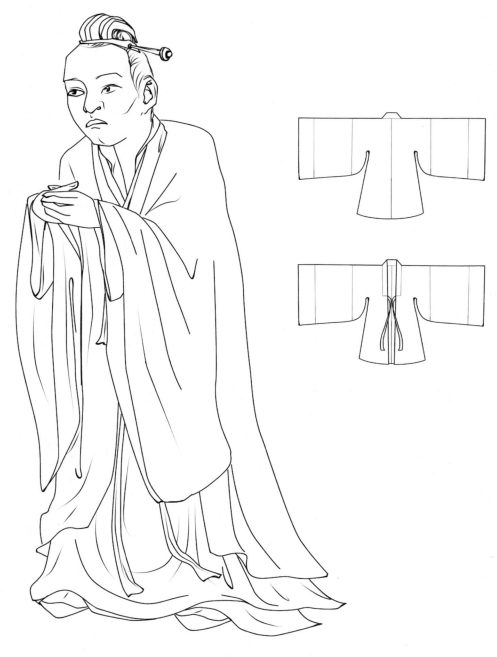

图 3-80（1）道人典型服饰式样图绘

　　这是北宋道人的市井服饰式样图绘，其内容为：束发木冠、皂缘合领白色大袖氅衣、白色覆足小袖交领短中单、白色长帛带、白色覆足围裳、练鞋。这一袭白衣具有宋代道士着装的典型性，但不具备百工服饰代表性。其氅衣与士人氅衣的一般形制相类，但其缘边方式不同，具体见其右上结构图展示。

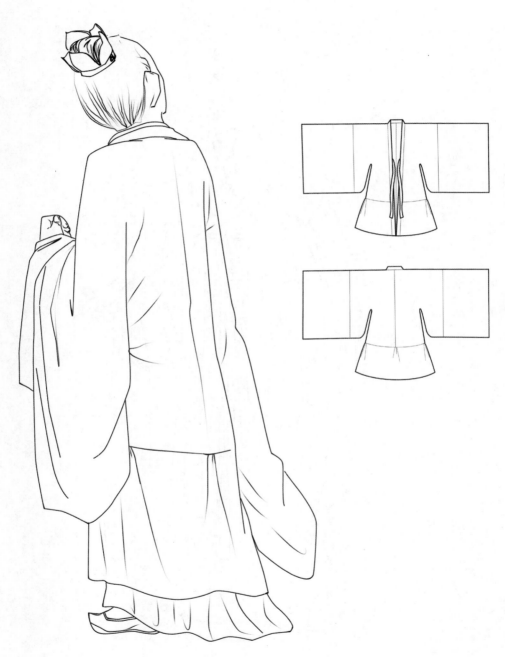

图 3-80（2）道人典型服饰式样图绘

　　这也是北宋道人的市井服饰式样图绘，其内容为：莲花木冠、大袖皂缘合领加襕氅衣、白色中袖长中单、白色围裳、白色帛带、练鞋，整体依然为皂白二色的主调。其中的加襕氅衣是宋代士人常见服饰，道士也穿用，可见道服的传统形制代表性，具体参见其右上结构图展示，加襕、缘边等细节与士人略有不同。

图 3-80（3）道人典型服饰式样图绘

　　这是北宋道人的高级服饰式样图绘，其内容为：束发冠、宽缘广袖长结带氅衣、齐胸宽缘围裳、长帛带（绅带）、白色交领长中单、粉底皂色岐头履。其中的缘边多为皂色，整体色彩可以有灰绿、皂、白等。其氅衣与前文士人款式类似，只是少了横襕，具体可参见图 3—17 (5)。

图 3-80（4）道人典型服饰式样图绘

　　这也是北宋道人的高级场合所着服饰式样图绘，其内容为：束结皂巾、皂缘大袖交领长衣、皂底缘腰裙、白色交领中袖长中单、窄头长帛带、皂色翘头履，是一种风格独特的搭配。其皂缘大袖衣是典型的世俗直裰款式。

图 3-80（5）道人典型服饰式样图绘

　　这也是北宋道人的普通服饰式样图绘，其内容为：白色束发巾、皂缘交领左衽大袖短衣（底摆无缘）、白色帛带（悬挂绳结）、白色交领右衽短中单、白色小口长裤、皂色粉底翘头履。其着装搭配具有隐逸道人的特征，且以左衽结构再次证明古人着装的自由观念特征。

图 3-80（6）道人典型服饰式样佐证图一

　　佐证图左上：《清明上河图》（局部，北宋张择端，北京故宫博物院藏）中的道士着装，正面者着束发冠、白色合领大袖半缘无襕氅衣，内侧束带，内着白色长中单、围裳，下着练鞋。背面者也着束发冠、大袖合领加襕氅衣，内着白色中单、围裳，内着腰带，下着练鞋。右上：《钟离访道图》（局部，北宋荆浩〈传〉，美国弗利尔美术馆藏）中的道人，其着束发冠、皂缘淡绿大袖短衣（应为合领）、帛带、白色内衣、白裳、皂鞋。左下：《搴梁令瓒星宿图》（局部，南宋佚名，北京故宫博物院藏）中的道衣星宿形象，其着深缘灰绿广袖氅衣、齐胸裙裳、帛带、灰绿中单、粉底皂色岐头履。中图：《朝元仙仗图》（局部，北宋武宗元，私人旧藏）中的道士形象，其着皂巾、皂缘大袖交领长衣、皂底缘腰裙、白色交领中袖长中单、长帛带，下应着翘头履。右下：《仿刘松年山中道教》（局部，明代佚名，美国弗利尔美术馆藏）中的道士着装，其着白色道冠、皂缘交领右衽或左衽短衣（底摆有缘或无缘）、白色帛带（悬挂绳带物品）、白色中单（左衽或右衽）、白色小口长裤、皂色粉底翘头履，这是道家常见普通着装。

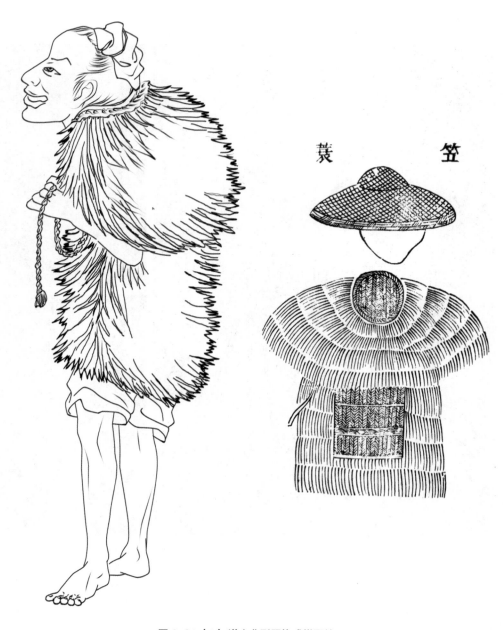

蓑　笠

图 3-81（1）道人典型服饰式样图绘

　　道人常以不修边幅、简朴非常甚至放浪形骸的形象遁隐于山野，此处图绘所现：缁巾、草披、草裙、白色交领短袖小衫、小口白色短裤，赤足，是十分典型的北宋道家隐士着装。其草披、草裙就是蓑衣搭配，也常有竹笠与之相搭，其结构方式常如右图所示[1]，也可有其他方式。

1　［明］王圻，王思义：《三才图会》中册，上海：上海古籍出版社，1988 年，第 1549 页。

图 3-81（2）道人典型服饰式样图绘

这也是遁隐于山野的道人，着装较为考究，配套完整。其图绘内容是：木冠、皂缘大袖氅衣、草皷、斜挎包、白色交领中单、白色覆足围裳、挎包、皂色圆头帛履。

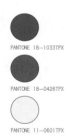

百工百衣

风尚图绘再现

道人

PANTONE 18—1033TPX

PANTONE 18—0426TPX

PANTONE 11—0601TPX

图 3-81（3）道人典型服饰式样图绘

　　这也是遁隐于山野的道人所着服饰典型，其图绘内容是：束发木冠、裘披、交领小袖白衣（扎摆于腰，也可散摆于外）、草裙、草裤（缚裤）、系带草鞋，整体色彩为丛林山野之原态，是北宋风格独特的道衣之一，更以衣裤装形态彰显百工风尚，特作彩绘。

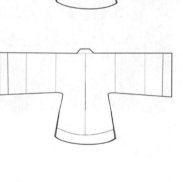

图 3-81（4）道人典型服饰式样图绘

　　这也是北宋道家适用的服饰式样，其图绘内容是：皂色系带折角束发巾、皂缘交领缺胯中袖齐膝短衫（底摆皂缘）、白色交领短中单、白色软交领汗衫、草裙、白色帛带、白色小口长裤、线鞋。其中，皂缘交领缺胯中袖齐膝短衫也是较为特别的一种道家常用普通衣式，这与前述款式交领中袖皂缘衣不同，其融合了胡服缺胯结构，衣身简便而同时具有中原皂缘信仰，体现了道家文化特征。

百
工
百
衣

风
尚
图
绘
再
现

道
人

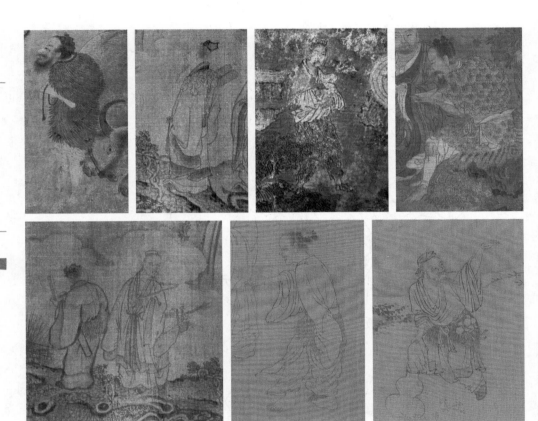

图 3-81（5）道人典型服饰式样佐证图二

　　佐证图上左一：《问道图》（局部，南宋马远，私人收藏，藏家不详）中的道人，其着缁巾、草编蓑衣（即草披草裙）、白色交领短衫、小口白裤、赤足。上左二：《仿刘松年山中道教》（局部，明代佚名）中的道人，其着道冠、皂缘大袖氅衣、绿褐交杂的草披、白色交领中单、围裳、挎包、圆头帛履。该画作虽为明代作品，但着装形制符合宋制。上左三：开化寺壁画（局部，北宋郭发，山西高平）中的道人，其着道冠、裹披、交领小袖白衣（扎摆于腰）、草裙、草裤（缚裤）、草鞋。上左四：《松荫谈道图》（局部，南宋佚名，北京故宫博物院藏）中的道人，其束丫髻，着草披、草裙、白上衣、白帛带、白下裳、白膝裤，跣足。下左：《仿刘松年山中道教》（局部，明代佚名）中的两位道人，左侧道人着缁巾、皂缘大袖交领直裰、草裙；而右侧一道人则与上左二的衣式相类。下中、下右：均为《人物故事图册》（局部，元代钱选〈传〉，美国弗利尔美术馆藏）中的道人，作品虽为元代，但其着装则延续了宋制。下中者束髻而着折枝花，主体服饰为中袖缺胯交领衫、草裙、宽口长裤、赤足；下右者着缁巾（抓角巾）、皂缘交领缺胯中袖短衫、白色交领中单与内衣、草裙、白色帛带、白色小口长裤、线鞋。从这一组佐证图可见道家形象的丰富性与崇尚自然的衣装特质。

PANTONE 19—0506TPX

PANTONE 17—0123TPX

PANTONE 11—0601TPX

图 3-82（1）道人典型服饰式样图绘

　　这是北宋道家正式场合适用的盛装式样，其图绘内容是：皂色系带束发巾、皂缘交领广袖白色道袍、皂里方角青绿披风、白色交领覆足长中单、白色交领汗衫、皂色笏头履。这是北宋道家正装中的典型搭配，所配色彩具有代表性，与其弘扬的世界观相统一，特作彩绘。其中，皂缘交领广袖白色道袍是一款典型汉式服装，但衣襟右侧多没有皂色缘边，具体参见其右侧平面结构图。

图 3-82（2）道人典型服饰式样佐证图三

　　此处佐证图上：《仿刘松年山中道教》（局部，明代佚名）中的道人多着草衣，其中还有一个形态突出的服饰就是披风，即画面中部有两人所着的皂缘方角披风，其往往与衣裳装配套，与氅衣的应用方式相类。其为明代画作，但形制源于宋代。下左：开化寺壁画（局部，北宋郭发，山西高平）中的道人，其着缁巾、皂缘交领广袖白色道袍、方角青绿披风、白色中单、皂色笏头履。这是北宋道家着装中的典型，可以类比于左图。下右：《白描道君像》（局部，南宋梁楷，上海博物馆藏）中的道士形象，其所着便是道冠、皂缘方角披风与交领衣裳装的搭配。

图 3-83（1）道人典型服饰式样图绘

此处所绘与前文式样相补充，是道人所着内衣，与世俗着装相类，其图绘内容为：皂色系带束发头巾、白色交领小袖无衩至膝衫、白色窄袖软交领汗衫、白色大口长裤、皂面单梁帛鞋。

PANTONE 19—0506TPX

PANTONE 18—3910TPX

PANTONE 11—0601TPX

图 3-83（2）道人典型服饰式样图绘

　　此处所绘是道人所着闲居服饰式样，其图绘内容为：皂色帛巾（也可为葛巾）、白色宽缘纱质对领系带披衫、青灰背带齐胸大裳、白色帛带、粉底笏头皂履。其中，披衫式样较为特别，基本结构如展开图上图（其轮廓前方后弧）；背带裳的围裹系结方式也值得关注，其基本结构如展开图下图（后身交叠，以左右系带相结固定，其右侧系带缝缀于侧缝，该侧内部有小系带联结左后衣襟）。这是颇具道家潇散特色的燕居服饰，宽松舒适而又潇洒飘逸，具有鲜明代表性，特作彩绘。

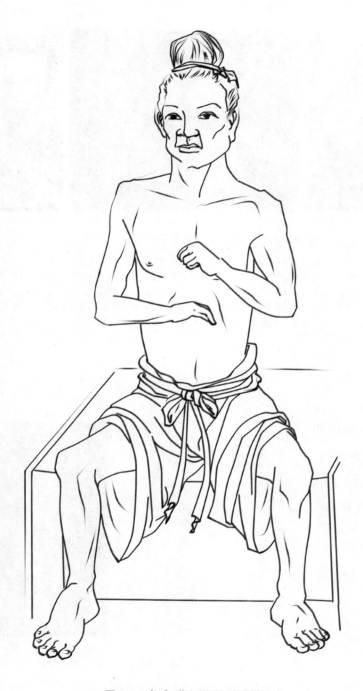

图3-83（3）道人典型服饰式样图绘

　　此处所绘是道人内衣服饰式样，其图绘内容为：白色束发带、白色大口长裤（有裆）、白色长帛带。这是道家私处时穿用的内衣式样，也具有百工及大多数北宋阶层常有的裤子形态。其长裤合裆之特征力证了裆部缝合技术与观念的成熟。

图 3-83（4）道人典型服饰式样佐证图四

此处佐证图左：开化寺壁画（局部，北宋郭发，山西高平）中的道人，抑或为普通百姓，但其所着内衣无异于道家。其着白色交领小袖中单、白色窄袖内衣、皂面单梁帛鞋。中：《崆峒问道图》（局部，北宋杨世昌，北京故宫博物院藏）中的道人着皂色帛巾、白色宽缘纱质对领系带衫、青灰色背带大氅、白色帛带、粉底笏头皂履，这是一种十分潇洒的燕居着装，为道家代表形象之一。右：开化寺壁画（局部，北宋郭发，山西高平）中的道人，或为世俗形象，但其所着宽口裤也是道家常用。其白色宽口裤为有裆裤，系扎帛带，其长度应可至踝。此组佐证图也可以佐证认知民间内衣式样。

道家服饰为中华传统服饰的经典提纯，是北宋士人热爱穿用、寄托隐逸情怀的服饰类别，在民间影响极大（见图 3-84）。

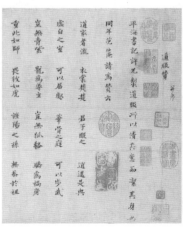

图 3-84 道家服饰的民间流行佐证

左图为《道服赞》（局部，北宋范仲淹，北京故宫博物院藏）中的道服形态描述。其曰："道家者流，衣裳楚楚。"说明士人道服源于道家之衣，而且重视上衣下裳的初始形态。其具体形态常如右图所示，即《西园雅集图》（局部，南宋马远〈传〉，美国纳尔逊·阿特金斯艺术博物馆藏）中所呈现的士人形象，其着葛巾、皂缘氅衣、衣裳、笏头履等，这是流行较广的道服配套。

本部分图绘再现道人职业服饰之不同式样共计 13 套，其中最具代表性式样共计有 3 套。

表 3-13　道人职业服饰细节经典提纯

图别	图例	说明
首服		形制特别的莲花冠、木冠、系带皂巾、葛巾等是道家经典首服式样。具体见图 3-80 (2)、图 3-81 (3)、图 3-82 (1)、图 3-83 (2)。
上衣		草帔、裘帔、方角披风、白纱披衫等是道家经典上衣局部，值得研究。具体见图 3-81 (2)、图 3-81 (3)、图 3-82 (1)、图 3-83 (2)。

图别	图例	说明
下装		草编裙裤、皂缘底摆、裙履和合、合裆大口裤及其长带飘飘是经典的道家风尚细节内容。具体见图3—81（3）、图3—82（1）、图3—83（2）、图3—83（3）。
足衣		浅口翘头帛履、草编系带鞋、粉底皂色笏头履（形制多样）等是道家的经典鞋款，其中蕴藏着独特的、不同于普通百工衣着的文化价值内容。具体见图3—80（2）、图3—81（3）、图3—82（1）、图3—83（2）。

表3-13集合前述款式要素对北宋道人职业服饰局部的经典细节进行了比较展示，可做参考。另外，皂缘加襕氅衣也是北宋特色款式，但因前文对类似形制的襕衫多有阐释，此处不再赘述，其与合裆大口裤可谓北宋道人服饰的基因符号。再者，其不着幞头而着束发冠、巾，衣衫宽大洒脱，形制细节特别，崇尚自然，追求潇洒的观念被社会，特别是士商阶层广泛效仿，同时其中存留显著的传统服饰传承与发展痕迹，表现出承继旧制并吐故纳新的时代特征。道士着装的系统化内容与特征还可从表3-14中的概念性谱系表达予以进一步认知。

表 3-14 道人代表性职业服饰谱系

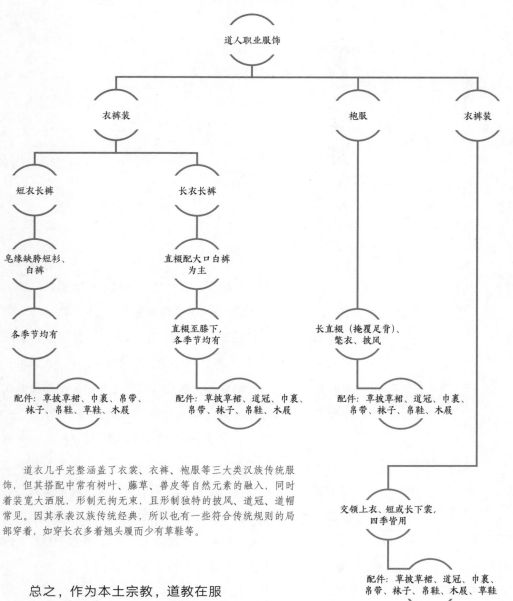

道衣几乎完整涵盖了衣裳、衣裤、袍服等三大类汉族传统服饰，但其搭配中常有树叶、藤草、兽皮等自然元素的融入，同时着装宽大洒脱，形制无拘无束，且形制独特的披风、道冠、道帽常见。因其承袭汉族传统经典，所以也有一些符合传统规则的局部穿着，如穿长衣多着翘头履而少有草鞋等。

总之，作为本土宗教，道教在服饰上直接传承了世俗汉人的主体传统衣式，但其主要倾向具有洒脱不羁的直领类（对襟或交领）、宽松型款式的选择，取义洒脱。

相师

宋代社会浸润于以阴阳五行理论为核心的太极之学思想浪潮之中[1]，受其支撑的相术便有较为稳固、深厚的土壤，相师（也称相士）职业发展迅速，从业者甚多，是术数行业在宋代进入鼎盛时期的重要推动者。术数就是命、卜、相三术，是中华传统神秘技能，从业者统称为卜相，相师是宋代卜相职业大类中的一种。其技能基础是要掌握"阴阳五行、天干地支、河图洛书、太玄甲子数等'天道'的学问"[2]，这意味着该类职业需要很高的文化修养。所以，相师的职业服饰是类文人形态的，与其相并提的占卜、算命等具体职业穿着与之相类。该职业的人数之庞大与活动范围之广是前所未有的，北宋中期相关从业者可达百万之巨[3]，其管理很严格、规范，有着十分稳定的职业化式样（见图 3-85）。

1　官崎市定：《东洋的近世：中国的文艺复兴》，砺波护编，张学锋、陆帅、张紫毫译，北京：中信出版社，2018 年，第 99—100 页。
2　程民生：《宋代巫祝卜相的文化水平及数量》，《中州学刊》，2019 年第 1 期，第 126 页。
3　程民生：《宋代巫祝卜相的文化水平及数量》，《中州学刊》，2019 年第 1 期，第 129 页。

PANTONE 19-0506TPX

PANTONE 11-0601TPX

图 3-85（1）相师典型服饰式样图绘

　　相师着装与士人、郎中等相似，基本以帽衫为核心，秋冬季或有风帽、耳暖、夹衣相助，而春夏天则以单衫为主体。此处典型式样图绘内容为：皂色丫顶幞头、皂色圆领小袖缺胯长衫、白色交领无衩短中单、白色小口长裤、皂色绦带、无系带练鞋。此皂白二色组合的套装既显其雅又从其便，折射了生活于社会底层的普通相师阶层之处境，特作彩绘。

百工百衣

风尚图绘再现

相师

图 3-85（2）相师典型服饰式样佐证图

　　此处佐证图均自《清明上河图》（局部，北宋张择端，北京故宫博物院藏）。左：该相师着皂色丫顶幞头、皂色圆领小袖长衫。中：其中相师与左图相类，只是领口散开外翻。右：该相师着装形象的展现较为完整，与左、中图相类，只是颜色浅淡，实际为同类，其衣长过膝，内着白色中单，腰扎皂色绦带，足着练鞋，内应着白色小口裤，为北宋末年典型形象。

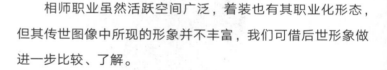

　　相师职业虽然活跃空间广泛，着装也有其职业化形态，但其传世图像中所现的形象并不丰富，我们可借后世形象做进一步比较、了解。

　　由表 3-15 可以总结，相师服饰均与当朝士人服饰相类，且宋元明三代间有较好的承继，具知识特色性、阶层礼仪性、行动便捷性之综合特质。由此可推断，北宋相师服饰形制具有典型的北宋儒士特色。总体看，帽衫搭配是相师的基因特征，前后代变迁中稳定延续，成为中华相师衣着的标识。

表 3-15 相师代表性职业服饰宋元明三代比较

图别	图例	说明
首服		相师首服均为皂色，其形态固定，虽为巾但也均可称帽。具体可参见图3-85（2）左、《太平风会图》（元代朱玉〈传〉，美国芝加哥艺术博物馆藏）、《清明上河图》（明代仇英，辽宁省博物馆藏）。
体服		其体服均为长衣，类士人特征突出。具体可参见图3-85（2）右、《太平风会图》（元代朱玉〈传〉，美国芝加哥艺术博物馆藏）、《清明上河图》（明代仇英，辽宁省博物馆藏）。
足衣		其足衣稍有不同，宋代以白色为尚，元明则多以皂色。具体可参见图3-85（2）右、《太平风会图》（元代朱玉〈传〉，美国芝加哥艺术博物馆藏）、《清明上河图》（明代仇英，辽宁省博物馆藏）。

百工百衣　风尚图绘再现

相师

医生

医生

　　在宋政府的深切关怀与得力措施的大力推动下，宋代医学事业发展达到了新的高度。正如清代四库馆臣所赞："自古以来，惟宋代最重医学。"[1] 此时，医生得到了充分尊重，医学教育发展迅速，出现了专司高等教育的"太医局"。医学科类也愈加细化，儿科、妇科等逐渐走向成熟。随之，医生群体遍布城市、乡村，呈现多样化的职业发展趋势，其着装也依据其所处职业层次、科类而有较大差异。相较前代，职业的规范化管理水平大大提高。

　　医生，中国古代还有医、疾医、医者、医师等名谓。唐代始有医生（学医的生员）之称。至宋代，有了大夫、郎中之"官称"。这是对医生阶层的尊重与敬称，因为大夫、郎中是源自比较体面的国朝官职名谓。宋徽宗理政时期，即政

1　[清]永瑢：《四库全书总目》，北京：中华书局，1965 年，第 878 页。

和二年（1112 年），医官从武官序列（被置于武官名）中独立出来，被以新的官名代替："和安大夫、成和大夫、成安大夫……保和郎、保安郎、翰林医正。"[1] 后来民间泛用大夫（dà fū）、郎之称谓，称所有医生为大夫（dài fu）或郎中（与"郎"一样均为官职名），以示尊重。其中，南方称为郎中，北方称为大夫（dài fu）。即顾炎武所指："北人谓医生为大夫，南人谓之郎中，镊工为待诏，木工、金工、石工之属皆为司务。其名盖起于宋时。"[2] 可以说，这种尊称是宋代普遍尊重职业者的整体风气影响下的结果。同时，宋代开始有了"儒医"之称。政和七年（1117 年）有臣僚言："伏观朝廷兴建医学，教养士类，使习儒术者通黄素，明诊疗，而施于疾病，谓之儒医，甚大惠也。"[3] 自此，医生被专门纳入儒学教育体系而设置教育机构予以培养，导向了儒者从医的流行趋势，推动了医生职业的儒者身份提升。"自宋以后，医乃一变为士夫之业，非儒医不足见重于世。"[4] 至南宋，士大夫便有了"不为宰相则为良医"[5] 的价值观。

因官方重视，官职名称应用及儒医价值观念的引导，医生阶层愈加自我尊重，文人风采洋溢，着装特征亦儒亦医。具体讲，其着装以帽衫为主体，秋冬季也会有风帽、夹衣相配，而春夏则以单衫为主，色彩则是皂色、褐色为统领。具体可见图 3-86 之分图中的详解。

1　[清]徐松:《宋会要辑稿》，上海：上海古籍出版社，2014 年，第 4547 页。
2　[清]顾炎武:《日知录集释》，黄汝成集释，长沙：岳麓书社，1994 年，第 859 页。
3　[清]徐松:《宋会要辑稿》，上海：上海古籍出版社，2014 年，第 2800 页。
4　谢观:《中国医学源流论》，金永燕点校，福州：福建科学技术出版社，2003 年，第 101 页。
5　[元]脱脱:《宋史》，北京：中华书局，1977 年，第 12257 页。

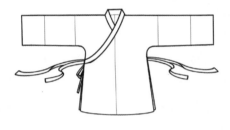

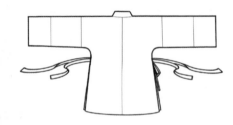

PANTONE 19-0506TPX

PANTONE 11-0601TPX

图 3-86（1）医生典型服饰式样图绘

　　此处为医生的市井典型服饰式样，即一短款图绘：皂色系带巾、皂色小袖交领短褙子、白色交领小袖缺胯短中单、大口白裤、无带练鞋。此为城市民间郎中形象，虽为短装，但其内衣摆缘外露的层次化特征与大多数文雅阶层相统一，也具有鲜明的百工代表性，特作彩绘。其小袖短褙子较为短小，结构图可参见其右上图。

图 3-86（2）医生典型服饰式样图绘

这是官方医生（药剂师）形象，图绘内容为：皂色系带敛巾、圆领小袖缺胯长衫、交领小袖无衩长中单、软交领汗衫、革带、白袜、白履。其系带巾形态特别，为一身份标识。其套装主体色彩为褐、皂、白等色。

图 3-86（3）医生典型服饰式样图绘

　　这是官方机构主管角色的医生（大夫）形象，图绘内容为：皂色丫顶幞头、皂色圆领中袖左后叠衩覆足长衫、白色小袖交领中单、白色软交领汗衫、革带、翘头粉底皂履。其一身皂白，与城市坊间普通医生的皂白着装相统一。

图 3-86（4）医生典型服饰式样图绘

　　这是宋代普通村医形象，图绘内容为：皂色系环幞头、圆领小袖缺胯短衣、小袖交领短内衣、小口长裤、帛带、浅口棕鞋。此形象所及色彩未有定式，灰绿、棕、褐、皂、白等色均可有，与一般农民衣着相类，但结合其配件内容可以佐证郎中角色的典型形象。

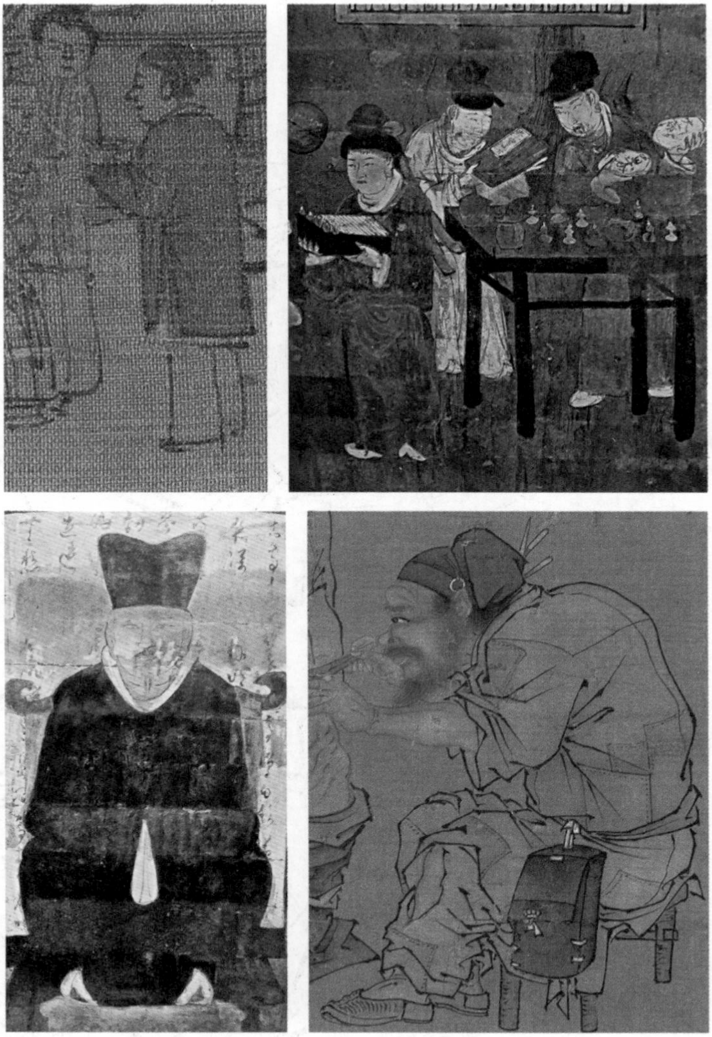

图 3-86（5）医生典型服饰式样佐证图

此处佐证图上左：《清明上河图》（局部，北宋张择端，北京故宫博物院藏）中的医生形象，其着皂色系带巾、皂青色小袖交领褙子、白色交领中单、大口白裤、练鞋。上右、下左均自陕西省韩城市盘乐村宋墓壁画。上右：其中医师有两人，均着皂色系带敛巾、白色或褐色圆领小袖缺胯长衫，内着白色中单与白色汗衫，下着白袜、白色尖头或平头履，应为宋代官方医学机构的形象。下左：此应为具有管理职权的医师，其着皂色丫顶幞头、皂色圆领中袖左后叠衩覆足长衫、白色小袖交领中单、白色交领汗衫、革带、翘尖头粉底皂履，着装基本形态类同前述相师，但在围度、长度、用料、鞋履等多方细节上大不同。下右：这是《灸艾图》（局部，南宋李唐〈传〉，台北故宫博物院藏）中的村医，着皂色系环幞头、褐色圆领小袖缺胯短衣、浅灰绿小口长裤、帛带、低帮浅口棕鞋，是宋代村医的典型形象。

本部分图绘再现医生职业服饰不同式样共计 4 套，其中最具百工代表性式样仅为 1 套。其经典之处也能明确，即皂白搭配，褙子帽衫为尚，士人特征突出。对于医生，传世形象也不多见，我们依然可借助其与后世形象的比较中获取有价值的要素以提升对该职业形象的认识，具体见表 3-16。

表 3-16　医生代表性职业服饰宋元明三代比较

图别	图例	说明
首服		其首服均为皂色帽巾，类同士人。具体可参见图 3-86 (5) 上左、山西省右玉县旧城城关镇宝宁寺的元代水陆画《往古九流百家诸士艺术众》《清明上河图》（明代仇英，辽宁省博物馆藏）。
体服		其体服不同，分别为交领短褙、圆领长衫、交领长褙，但均与当时士人特征相类。具体可参见上述首服所在参考图。
足衣		其足衣不大相同，宋元以白色为尚，明代则多以皂色。具体可参见上述首服所在参考图，中图可参考《太平风会图》（元代朱玉〈传〉，美国芝加哥艺术博物馆藏）中的医生形象。

由表 3-16 可以总结，北宋医生服饰之文雅是其固有特征，在后代有传承。具体看，其圆领、小袖、直身、褾子侧衩等功效设计也能够稳定延续至后代。比较而言，其因职业着装的礼仪性、便捷性之所在，其服饰形态常与士、商等阶层相类。医生服饰类别虽不够丰富，但其也具有鲜明的系统化特征，具体见表 3-17。

表 3-17　医生代表性职业服饰谱系

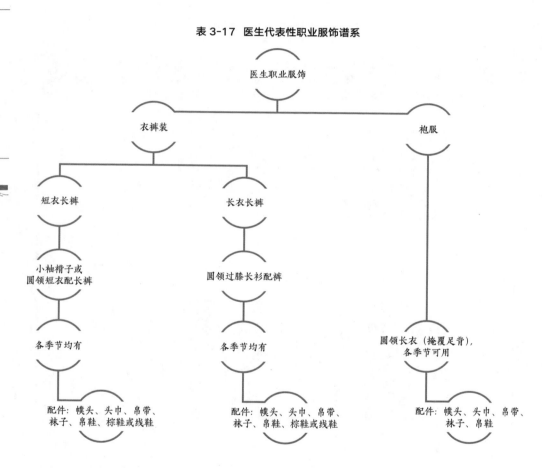

衣裤装为普通医者所着。其中的短衣长裤为村医常有，而褾子一般为年轻医生所穿，不分贵贱；长衣长裤为市井医生的着装常态；袍服则是大医师或官方机构的医官类职业所应具备。

医生着装儒雅而求便捷，所以长衣而小袖圆领者居多，与相师极为类似。后世的元明清等各代医生也均为长衫，且必有造型考究的巾帽之首服，由此沉淀了医生一行的固有职业形象。

胥吏

　　胥吏是来自庶民阶层的特殊役种，也常被称为职役[1]，但有所争议[2]。本研究认为，职役所指相比胥吏范围更大，如孔目、押司、录事、里正、弓手、人力、散从等各类差役均在其中，可见也包含了前文研究所及兵卒（主要是厢军、乡兵等禁军以外的军种）中的徭役类角色，如铺兵、弓手、壮丁等。其类别数量占比巨大，分工明确，职业化程度极高[3]，着装差异明显。《文献通考》对此有具体阐释："国初循旧制，衙前以主官物，里正、户长、乡书手以课督赋税，耆长、弓手、壮丁以逐捕盗贼，承符、人力、手力、散从官以奔走驱使；在县曹司至押、录，在州曹司至孔目官，下至杂职、虞

1　高柯立：《宋代地方官府胥吏再探：以官民沟通为中心》，《河北大学学报（哲学社会科学版）》，2017年第42卷第3期，第7—8页；徐永计：《宋江"大孝"质疑》，《延边大学学报（社会科学版）》，2013年第46卷第2期，第87页。
2　甄一蕴：《宋代胥吏研究综述》，《中国史研究动态》，2016年第1期，第34—35页。
3　高柯立：《宋代地方官府胥吏再探：以官民沟通为中心》，《河北大学学报（哲学社会科学版）》，2017年第42卷第3期，第8页。

侯、拣、掐等人，各以乡户等第差充。"[1] 基于着装式样风格的不同，本研究将其分为兵卒与胥吏两大类，此处仅涉及胥吏，即为除了前述厢军、乡兵之兵卒外的文职役种，即孔目、里正、书手、人力等。

（一）文书掌办之吏

文书掌办之吏是各类各级官府中掌管案牍账目的低职胥吏，即州府中的孔目官、县衙中的押司等，其为衙前吏类，虽非官员但具官服基本形制，多为皂白二色服饰。如前文《宋史·舆服五》所述："端拱二年（989 年），诏县镇场务诸色公人并庶人……只许服皂、白衣，铁、角带，不得服紫。"本研究中所及北宋中晚期图像资料也显示大多数吏人服用皂白二色。由此可以推测，北宋大多时期公吏所着便是统一的皂白二色，无论各种岗位基本质色一致，但细察还可发现其有款式或部件细节之不同（见图 3-87~ 图 3-89），这便是"百工百衣"风貌之所以能够实现的关键之处。

1　［南宋］马端临：《文献通考》第 12 卷《职役考一》，上海师范大学古籍研究所、华东师范大学古籍研究所点校，北京：中华书局，2011 年，第 340 页。

PANTONE 18-3910TPX

PANTONE 19-0506TPX

PANTONE 18-1350TPX

PANTONE 11-0601TPX

图 3-87（1）文吏典型服饰式样图绘

　　衙门中掌管文书档案的吏人所着服饰具有接近官服的形制特征，即配套完整，较为规范。此处图绘内容为：皂色硬脚幞头、圆领小袖缺胯长衫、白色交领小袖缺胯长中单、白色软交领小袖汗衫、红色革带、小口白裤、白短袜、皂色帛履。此为北宋官方吏人服饰的典型形制，特作彩绘，其整体色彩常有青灰、黄褐、红、绿、皂、白等色。

图 3-87（2）文吏典型服饰式样佐证图一

此处佐证图左：开化寺壁画（局部，北宋郭发，山西高平）中的文吏，其着皂色硬脚幞头、深青灰色圆领小袖缺胯衫、红色鞓带（带尾折上而又插入鞓体）、白色交领小袖中单。中与右图均自《道子墨宝》（局部，南宋佚名，美国克利夫兰艺术博物馆藏）。中：文吏着大八字硬脚或朝天脚幞头、圆领缺胯中袖长衫、鞓带、交领中单、帛鞋，其内所着裤应为大口裤。右：其中文吏所着与中图相类，只是肩部有肩片拼缝，类同普通百姓上衣结构设计。需要强调的是，宋代袖形十分多样，具体比较可见图 3-88。

图 3-88　文职公服代表性袖形比较

本研究依据袖肥之宽松度范畴对宋代袖形做了五类称名：广袖、大袖、中袖、小袖、窄袖。这是依据衣袖水平伸开时袖口下缘所处位置而定的，即袖口至膝盖及其以下者为广袖，至臀围线及大腿中线者为大袖，至腰围线上下者为中袖，而至胸围线上下者为小袖，紧裹臂膀者为窄袖，此分类适用于本研究中的所有职业着装。图中左一人为文官，其公服袖形为广袖；中一人为文吏，其所着圆领公服袖形为袖口紧小的窄袖，应为最下层文职办差者，其袖形是对勤于体力工作特征的适应；右一人也是文吏，其公服袖形为比小袖、窄袖都宽松些的中袖。大袖多见于道家或士人服饰，小袖者可见图 3-87 中的佐证左图式式。该图为《道子墨宝》（局部，南宋佚名，美国克利夫兰艺术博物馆藏）系列图之一。

图 3-89（1）文吏典型服饰式样图绘

　　文吏也有着用其他服式的情况，比如县镇及其以下级别的书吏常有接近庶民的装束，即此处一类图绘，具体内容为：系带缁冠（木冠）、小袖圆领缺胯拼摆长衣、宽帛带、垂长带腰裙、白色交领小袖缺胯中单、软交领汗衫、小口白裤、练鞋。其特征是无幞头，这与一般文吏不同，是较为特别的一类低职着装。整体着装常有青灰、浅灰绿、紫红、皂、白等配色。此中，小袖圆领缺胯拼摆长衣的拼摆等细节结构也与前述圆领缺胯衫不同，具体可参见其右侧结构图。

图 3-89（2）文吏典型服饰式样佐证图二

其佐证图为开化寺壁画（局部，北宋郭发，山西高平）中的书吏，其着颔下系带缁冠、灰白色小袖圆领缺胯长衣、青灰色帛带、紫红腰裙、窄袖白色中单、白裤、练鞋，应为低级文吏之典型形象。

（二）课督赋税之吏

赋税是宋代财政的核心来源，其征收吏人职务十分紧要，要求较高，其从业者有里正、户长、乡书手等角色，均按照其所处乡户等第作徭役差充而生。其着装形象也因各自具体职业岗位而多有不同（见图 3-90~ 图 3-92）。

图 3-90（1）税吏典型服饰式样图绘

　　课督赋税的文吏也有多个层级与职业角色，此处为城市税吏的典型形象图绘，内容为：皂色敛巾、圆领小袖缺胯过膝衫（提摆扎腰）、小袖交领短中单、软交领汗衫、垂短带腰裙、小口白裤、系带练鞋。其套装常用色彩为褐、绯、皂、白等色。

图 3-90（2）税吏典型服饰式样图绘

　　这是监当官（税吏中的一类，为主事人）的着装，其图绘内容为：皂色偃巾、皂缘交领中袖缺胯长衫、交领缺胯小袖白色长中单、软交领汗衫、革带、白色大口长裤、单梁练鞋，为北宋之典型。

图 3-90（3）税吏典型服饰式样图绘

　　这也是一位普通税吏的典型形象，其图绘内容为：皂色敛巾、圆领小袖缺胯过膝衫（提摆右扎腰）、小袖交领短中单、软交领汗衫、腰裙、小口白裤、系带练鞋。其套装常用色彩为褐、绯、皂、白等色。

PANTONE 19—0506TPX

PANTONE 11—0601TPX

图 3-90（4）税吏典型服饰式样图绘

　　这是一位监工形象，属于税吏。其图绘内容为：皂色系带锁芯头巾、圆领中袖缺胯皂色长衫、白色帛带、白色腰裙、白色交领小袖缺胯短中单、白色小口麻裤、系带练鞋。整体色彩为皂白二色，与"皂吏"之历史称谓十分相符，为典型北宋形象之一，特作彩绘。

图 3-90（5）税吏典型服饰式样佐证图一

佐证图左:《清明上河图》(局部，北宋张择端，北京故宫博物院藏)中专司进出城门商税的税铺工作者。其上左为普通税吏，其着皂色敛巾、褐色圆领小袖过膝衫(提摆扎腰，呈短衣式样)、灰褐色垂带腰裙、白裤、练鞋。右侧坐于案后者为一监当官，其着皂色偃巾、皂缘交领浅褐色缺胯衫(应为皂缘中袖，无底缘)，下应为白色长裤、丝鞋。其下左也是一位普通税吏，其所着与上左者类似，只是下摆处理方式不同，且多了一件褐色腰裙。

右:为《闸口盘车图》(局部，北宋佚名，上海博物馆藏)中的监工，其职责也属于徭役赋税监督者。其着皂色裹巾、圆领中袖缺胯长款皂衫、白色帛带、白色腰裙、白色交领短中单、小口白裤、系带练鞋。

图 3-91（1）税吏典型服饰式样图绘

　　还有一种税吏并非专职工作者，而是由基层行政事务的综合管理者充当，多为乡镇下的里正、户长之类。此处图绘内容便是其着装典型：皂色系带巾、小袖圆领缺胯长衫、白色小袖交领长中单、白色软交领长汗衫、中长腰裙、白色腰带、白色小口长裤、系带练鞋。整体色彩很多样，如红、绿、紫、黄褐、灰驼、皂、白等色。

图 3-91（2）税吏典型服饰式样佐证图二

此处佐证图均自开化寺壁画（局部，北宋郭发，山西高平），形象表达为乡官，其基本着装为皂色系带巾、红绿或黑紫色小袖缺胯长衫、白色小袖中单、各色腰裙、白色腰带、白色长裤、练鞋，或着白色笠帽或背席帽等。其中，乡官服装的色彩是耐人寻味的，因为此时平民阶层一般仅限皂白二色。由《宋会要辑稿》《宋史·舆服五》记载可知，仁宗庆历八年（1048 年）禁止"士庶效仿胡人衣装，裹番样头巾，着青绿，及骑番鞍辔……"，嘉祐七年（1062 年）因民间士庶模仿皇室成员及内臣所着色衣而下令禁天下衣"黑紫服者"，前文还有述"端拱二年（989 年），诏县镇场各诸色公人并庶人……不得服紫"。可见民间屡有青绿、紫色等服色僭越行为发生，这些壁画也许正是反映了这些现实。

图 3-92（1）税吏典型服饰式样图绘

　　对于北宋晚期的乡官形象还有几类，这些角色也都会有课督赋税的职责。此处图绘为其之一：皂色系带巾、交领小袖缺胯短衫、白色交领窄袖短中单、白色软交领汗衫、白色腰裙、白色帛带、白色小口长裤、练鞋。其整体色彩会有青灰、灰褐、灰绿、驼、皂、白等色。

图 3-92（2）税吏典型服饰式样图绘

　　此处图绘为较高级别的乡官形象，具体内容为：皂色系带巾、交领小袖缺胯短衫、白色交领窄袖无衩覆足长中单、白色软交领汗衫、白色短围肚、白色帛带、白色大口长裤、翘头练鞋。其形制明显与图 3-92（1）有差异，特别是腰裙与围肚之别。其整体色彩也会有青灰、灰褐、灰绿、驼、皂、白等色。

图 3-92（3）税吏典型服饰式样图绘

此处图绘为常兼课督赋税之职的农村田官（角色常为税吏之一类）形象，具体内容为：皂色系带巾、皂色圆领小袖无衩长衫、白色交领窄袖短中单、白色系带后覆式腰裙、白色小口长裤、系带棕鞋。其巾裹系结方式与形态较为特别。整体色彩会有青灰、灰绿、皂、白等色。

图 3-92（4）税吏典型服饰式样图绘

此处图绘也是一个田官形象，具体内容为：皂色丫顶幞头、圆领中袖缺胯长衣、白色小袖短中单、腰裙、皂色革带、白色小口长裤、白色无底膝裤（底边翻折）、白色系带线履。整体色彩会有青灰、青绿、皂、白等色。

图 3-92（5）税吏典型服饰式样佐证图三

　　此处佐证图均为南宋着装，但可佐证北宋晚期南方乡官形象。左一、左二：《摹楼璹耕图》（局部，元代程棨，美国弗利尔美术馆藏）中的田官，其着皂色系带巾、交领蓝灰或姜黄小袖缺胯短衫、白色交领中单、白色腰裙或围肚（两者形制和裹覆位置不尽相同）、白色小口或大口裤、练鞋，两者应该有一定的级别差异，但均为平民中的乡官。左三：《田畯醉归图》（局部，南宋刘履中，北京故宫博物院藏）中的田官，其着皂色系带巾、皂色圆领小袖缺胯长衣、白色交领窄袖中单、白色系带腰裙、白色小口裤、系带棕鞋。左四：《田畯醉归图》（局部，南宋刘履中，北京故宫博物院藏）中的田官，其着皂色丫顶幞头、青绿色圆领中袖缺胯长衣、白色中单、青绿色腰裙、皂色革带、白色小口长裤、白色膝裤、白色系带线履。由此可见乡官服饰形制的多样性。

（三）供人驱使之役

　　这是一类成分较为复杂的胥吏群体，可涉及官府衙门及其内府所用各类杂职，均为供官员及其家属随时差遣的仆佣、人手，被给以承符（州府级别的公文通报员）、人力、手力等称名。

1、伎术

　　宋代官方伎术即低职技术官，其不同于一般的文官武将，虽为官却地位极为低下，甚至还不如普通士人，着装规格基本等同于胥吏（见图 3-93~ 图 3-94），其一般从事医学（从事医学的低职技术官地位不同于前述医生自由职业者）、天文学等科学、技术研究和其他工艺技术操作。

PANTONE 18—1350TPX

PANTONE 14—6308TPX

PANTONE 11—0601TPX

图 3-93（1）官方伎术典型服饰式样图绘

　　此处为官方伎术职业代表性图绘，内容为：灰绿色带环锁芯头巾、灰绿色小袖圆领过膝缺胯长衣、白色小袖交领短中单、白色垂带中长紫红腰裙、灰绿帛带、灰绿腕带、小口白裤、系带练鞋。这是典型的北宋伎术官所着服饰内容，也是百工形制之特别代表，特作彩绘。

图 3-93（2）官方伎术典型服饰式样图绘

　　这是官方伎术职业的另一种代表性着装，其图绘内容为：皂色丫顶幞头、小袖缺胯短衣、白色窄袖交领中单、软交领汗衫、角带、围裙、腰裙（内着）、小口长裤、白色短袜、单梁帛鞋。其中的围裙具有特殊职业标识性，其色彩可有灰绿、黄绿、墨绿、青绿、褐、皂、白等色，绿色系也是撵茶人的标识性色彩。

图 3-93（3）官方伎术典型服饰式样佐证图一

　　此处佐证图左：开化寺壁画（局部，北宋郭发，山西高平）中的伎术（或为法医类角色），其着灰绿色带环头巾、灰绿色小袖圆领过膝缺胯衣、白色窄袖交领中单、白色垂带紫红腰裙、灰绿帛带、灰绿腕带、小口白裤、系带练鞋（麻编），类同前述乡官形象。右：《撵茶图》（局部，南宋刘松年，台北故宫博物院藏）中的撵茶伎术，其着皂色丫顶幞头、灰黄绿色小袖缺胯短衣、白色窄袖交领中单、褐色角带、白色围裙、褐色腰裙、灰黄绿色长裤、白色短袜、灰青绿色单梁帛鞋，所着延续了北宋晚期风格。

百工百衣

风尚图绘再现

胥吏

PANTONE 19—0506TPX

PANTONE 11—0601TPX

图 3-94（1）官方伎术典型服饰式样图绘

　　皇宫中有御厨机构，而地方官府也设有类似机构，其下有厨役。官方厨役有自己的专有着装，即如图绘所示，具体内容为：皂色软脚幞头、白色圆领小袖齐膝缺胯短衣、白色交领短中单、白色软交领汗衫、白色围裙、白色腰裙、小口白裤、系带练鞋。此应与西汉所称厨人之"襈衣"相对应，作为"厨人之服"之功用是"取其便于用耳"。[1]其着装色彩单一，仅为皂白二色，且以白色为主体，是典型的下层人群着装，特作彩绘。

1　[唐]苏鹗：《苏氏演义：外三种》，吴企明点校，北京：中华书局，2012 年，第 94 页。

图 3-94（2）官方伎术典型服饰式样图绘

　　这是一个综合角色的伎术职业者形象，其图绘内容为：皂色硬脚幞头、小袖交领缺胯过膝长衫、白色交领短中单、革带、白色小口长裤、皂色单梁帛鞋。其色彩也常为皂白二色。

图 3-94（3）官方伎术典型服饰式样佐证图二

　　此处佐证图左：开化寺壁画（局部，北宋郭发，山西高平）中的厨役，其着皂色软脚幞头、白色圆领小袖短衣、白裤、练鞋，腰间还应有围裙相辅，类同于为宋代王公服务的膳夫、御厨等职。右：《白莲社图》（局部，北宋张激，辽宁省博物馆藏）中的一个杂役，其着皂色硬脚幞头、小袖交领缺胯过膝长衫、小口裤、皂鞋，应为综合饮食类营养师（类似皇帝身边的尚食局奉御一职，为低职伎术官），所着非厨人必备，应为兼职厨役者。

2、掌膳

　　掌膳是宋代掌管膳食的低级杂职官吏，工作内容衔接于厨役，地位相当于一般胥吏，二者服饰规格基本等同（见图3-95~ 图3-96）。

图 3-95（1）掌膳典型服饰式样图绘

　　掌膳、厨役都是皇官等官方餐饮系统的职业官吏，由尚食局奉御一职统领。其中掌膳是用餐现场供奉膳食的职役。此处图绘内容为：短硬脚皂色幞头、圆领窄袖缺胯长衣、交领窄袖短中单、银銙红革带、小口白裤、系带帛鞋。常有服装色彩有绯色、青灰色、青绿色及皂白二色等。

图 3-95（2）掌膳典型服饰式样图绘

　　这是一位衣着特色鲜明的掌膳，其图绘内容为：无脚幞头、圆领窄袖缺胯饰纹长衫、交领无衩长中单、帛带、左侧交叠腰裙、小口长裤、皮履。其腰裙式样交代了裹用方式，色彩可有青灰、绿、绯、皂、白等色。

图 3-95（3）掌膳典型服饰式样图绘

　　这是一位首服特色突出的掌膳形象，其图绘内容为：曲顶三瓣式单帽墙高巾、圆领窄袖缺胯长衫、交领窄袖缺胯长中单、软交领汗衫、银钅夸革带、小口长裤、膝裤（吊敦）、镶鞋。

PANTONE 19—0506TPX

PANTONE 11—0601TPX

图 3-95（4）掌膳典型服饰式样图绘

这是一个较为典型的掌膳形象，明显不同于同为膳食序列吏役的厨人。其图绘内容为：皂色短软脚漆纱幞头、皂色圆领缺胯小袖短衣（衣摆提扎腰间）、白色交领缺胯小袖中单、白色腰裙、皂色革带、大口白裤、系带练鞋，为皂白搭配，突出代表了百工形象，特作彩绘。

图 3-95（5）掌膳典型服饰式样佐证图

此处佐证图上左一：《西岳降灵图卷》（局部，北宋李公麟〈传〉，北京故宫博物院藏）中的胥吏，其着短硬脚幞头、圆领缺胯窄袖长衣、交领中单、革带、小口裤、帛鞋。上左二、上左三：自《道子墨宝》（局部，南宋佚名，美国克利夫兰艺术博物馆藏），其中的掌膳着花装幞头或无脚幞头、不同花色的圆领窄袖缺胯长衫、交领中单、革带或帛带、不同式样的腰裙、小口裤、镶鞋或皮履。上左四：《道子墨宝》（局部，南宋佚名，美国克利夫兰艺术博物馆藏）中的掌膳，其着曲顶三瓣式高巾、圆领窄袖缺胯长衫、交领缺胯长中单、银铰革带、小口裤、膝裤（吊敦）、皮履。下左一：《夜宴图》（局部，宋佚名）中的掌膳，除却画幅底色因素，其应着白色裹巾、驼色圆领小袖短衣、白色中单、白裤、皂鞋，这应是士大夫官邸的职役角色。下左二、下左三：《文会图》（局部，北宋赵佶〈传〉，台北故宫博物院藏）中的掌膳，其着皂色硬脚或短脚漆纱幞头、皂色圆领缺胯小袖短衣、交领中单、皂色革带、大口白裤（也可能是有裆裤，如图 3-83 图绘三所示）、练鞋。下左四：《琉璃堂人物图》（局部，南宋佚名，美国大都会艺术博物馆藏）中持食盘者为一名掌膳，其着皂色双层檐曲顶高巾、圆领缺胯窄袖长衣、交领中单、皂色革带、大口白裤、线鞋。此中，南宋图例也是对北宋晚期的式样沿袭，可做参考。图中的曲顶高巾较为少见，类似形象可见图 3-96。

图 3-96 曲顶高巾式样佐证图

　　曲顶高巾的式样也有多种，比如宋代文人常有的仙桃巾、双桃巾、并桃冠等，总体上看属于同一类。佐证图来自《道子墨宝》（局部，南宋佚名，美国克利夫兰艺术博物馆藏）。

3、承符

　　承符，即承符吏，是专司传达各种通知、递送公文者，但具体职责不同于与其工作内容类似的铺兵。基于其文职特征，着装多与其他文吏类似（见图 3-97）。

图 3-97（1）承符典型服饰式样图绘

　　承符吏的职业着装接近文吏，形制简便，结构利落，此处图绘内容为：皂色无脚幞头、圆领小袖缺胯长衣（卷摆于腰）、白色交领小袖缺胯中单、长垂带腰裙、白色帛带、小口白裤、系带练鞋。整体色彩可有姜黄、褐、皂、白等色，具体应依据职级而定。

图 3-97（2）承符典型服饰式样图绘

　　此为奔走于城乡县府的承符角色，其图绘内容为：皂色硬脚幞头、圆领小袖缺胯短衣、白色交领窄袖短中单、皂色革带、小口白裤、小筒靴。

图 3-97（3）承符典型服饰式样佐证图

　　此处佐证图左：开化寺壁画（局部，北宋郭发，山西高平）中的职役，据其角色状态判断可能为承符，右下者职位应稍低。其着皂色无脚幞头、姜黄或褐色圆领小袖长衣、白色交领窄袖中单、长垂带腰裙、白色帛带、白裤、系带练鞋，衣摆扎腰，与该壁画中其他职役着装近似。右：《西岳降灵图卷》（局部，北宋李公麟〈传〉，北京故官博物院藏）中居中位置者应为一名承符，其着皂色硬脚幞头、圆领小袖缺胯短衣（这是奔走于外的胥吏，应为衣长至膝的短衣）、白色交领窄袖中单、革带，下应着白裤、小靴。

4、散从

　　散从是官员离府外出时所亲身伴随的胥吏职员，多为杂职。其涉及具体角色十分多样，着装也不一而足，具体职位形象如下列图绘再现所示（见图 3-98）。

图 3-98（1）散从典型服饰式样图绘

　　此处图绘内容为：丫顶幞头、圆领小袖缺胯长衣（袖口缚带、卷摆于腰）、垂带腰裙、交领缺胯过膝中单、小口长裤（缚裤）、行縢、系带线鞋。色彩基本以皂、青灰、白色为主体。

图 3-98（2）散从典型服饰式样图绘

　　这是一位普通杂役角色的散从，图绘内容为：皂色后顺风脚幞头、圆领缺胯小袖短衣（前后摆裹腰）、交领小袖缺胯短中单、小口白裤、系带练鞋、裆裤（手持）。整体色彩基本以皂白为核心。

图 3-98（3）散从典型服饰式样图绘

　　这也是一位散从的着装，图绘内容为：皂色后左顺风脚幞头、圆领小袖缺胯短外衣（裹着于腰间）、交领缺胯半臂短衫、交领小袖汗衫、小口长裤、系带帛鞋。其半臂短衫形制不同于前代流行的半臂形态，具体结构可参考图 3—46（1）中的平面结构图所示。

图 3-98（4）散从典型服饰式样图绘

　　此处散从形象的图绘内容是：左后顺风脚幞
头、圆领窄袖缺胯短衫（偏袒右肩）、圆领窄袖短
中单、软交领汗衫、小口长裤、系带帛鞋、褡裢
（裹腰）。其主体色彩可有青灰、皂、白等。

图 3-98（5）散从典型服饰式样图绘

　　这是一个可做兼职文吏的、角色多样的散从形象，其图绘内容有：无脚软顶幞头、圆领小袖缺胯长衣、交领窄袖短中单、交领汗衫、革带、小口长裤、结带帛鞋、褡襫（搭肩），主体色彩可有青灰、皂、白等色。

图 3-98（6）散从典型服饰式样图绘

此处是一类散从的冬季形象，图绘内容为：无脚幞头、圆领窄袖缺胯短绵衣（卷摆于腰）、革带、交领无衩齐臀合体绵中单、长裤缚裤、连底膝裤、系带帛鞋，整体色彩可有青灰、皂、白等色。

图 3-98（7）散从典型服饰式样图绘

　　这是秋冬季的亲从（普通官员的亲从也常为散从）类职役形象，其图绘内容为：皂色单墙东坡巾、圆领小袖缺胯齐膝短衣（前后衣摆斜卷腰间）、小袖交领短中单、帔巾、帛带、小口裤缚裤、行縢、系带线鞋，主体色彩可有青灰、皂、白等色。

图 3-98（8）散从典型服饰式样佐证图

此处佐证图上左一：成都双流永福五大队四队出土的陶牵马俑（北宋，成都博物馆藏），是一类散从角色，应会从事马夫、杂役等多类工作内容。其着丫顶幞头、圆领小袖缺胯长衣（袖口绑缚、衣摆卷扎腰间）、长垂带腰裙、交领缺胯过膝中单、小口长裤（缚裤）、行縢、系带线鞋。上左二、上左三、上左四、下左一、下左二均自《西岳降灵图卷》（局部，北宋李公麟〈传〉，北京故宫博物院藏）。上左二：居中者应为一名散从，其着皂色后顺风脚幞头、圆领小袖衣，肩搭类似褡裢之物，其下所着形态应与上左四图相类。上左三：居中者是一名持物散从形象，其着皂色顺风脚幞头、圆领小袖缺胯短衣（上半身褪下围裹腰间）、交领缺胯半臂短衫、交领小袖汗衫、长裤，下应为帛鞋。上左四：也是一名兼顾多类工作的散从，比如牵马并负物。其着皂色顺风脚幞头、宽抹额、圆领小袖衣（领口散开外翻、衣摆卷扎腰间）、交领缺胯不及膝中单、长裤。据其画面中的其他职役着装判断，下应着帛鞋。下左一：牵马持物者为一散从，其着顺风脚幞头、圆领窄袖缺胯短衫（偏袒右肩露出中单）、圆领中单、交领内衣、长裤，下应着帛鞋，腰间缠裹布囊（褡裢）。下左二：画面中部应为一身份较高的散从，其着无脚幞头、圆领小袖缺胯长衣、革带、交领中单、小口长裤、帛鞋，肩负褡裢，具有一定的文吏特征，说明了其角色的复杂性。下左三：1987年四川广汉雒城镇宋墓出土北宋晚期牵物行进俑[1]（四川省文物考古研究所藏），也是一名散从，其着无脚幞头、圆领窄袖绵衣（衣摆卷扎腰间）、革带、交领无袂不及膝中单、长裤缚裤、膝裤、系带帛鞋，应为北宋晚期典型秋冬职役形象。下左四：《七夕度关图卷》（局部，南宋李唐〈传〉，美国弗利尔美术馆藏）中的散从，其着皂色东坡巾、圆领小袖衣（衣摆卷扎腰间）、帔巾、帛带、缚裤、行縢、系带线鞋，内应着交领缺胯不及膝中单。其虽为南宋形象，但也具有北宋职役的典型特征。

---

1 陈显双，敖天照：《四川广汉县雒城镇宋墓清理简报》，《考古》，1990 年第 2 期，图版肆（8）。

5、手力

手力是在官府中从事公差侍奉等杂职工作的低级胥吏，角色类别也较为复杂，岗位存在领域广泛，服饰形象多样（见图 3-99~ 图 3-100）。

图 3-99（1）手力典型服饰式样图绘

此形象类同于多数宫禁职役的手力形象，其服饰的图绘内容有：皂色硬脚幞头、圆领缺胯小袖长衣（前摆卷裹于腰）、白色圆领小袖缺胯长中单、交领窄袖缺胯长汗衫、革带、垂长带腰裙、小口白裤、系带练鞋，整体色彩可有墨绿、枣红、皂、白等色。

图 3-99（2）手力典型服饰式样图绘

　　此处是常见手力形象，其图绘内容是：左后顺风脚幞头、圆领缺胯窄袖短衣（衣领散开）、白色交领窄袖短中单、革带、腰裙、小口白裤、单梁练鞋。整体色彩可有青灰、皂、白等色。

图 3-99（3）手力典型服饰式样图绘

　　此处是另一种与图 3-99（2）相类的手力形象，但首服、色彩等细节有差异。其图绘内容是：右后顺风脚幞头、交领缺胯窄袖短衣、白色交领窄袖短中单、革带、腰裙、小口白裤、单梁练鞋。整体色彩常为皂、白等色。

图 3-99（4）手力典型服饰式样图绘

　　这是典型的官方秋冬季手力形象，图绘内容为：丫顶浅后沿幞头、圆领窄袖缺胯修身短夹衣（前后摆提卷腰间）、圆领短中单、腰裙、软交领汗衫、小口夹长裤、深口单梁夹履。主体色彩可有青灰、枣红、皂、白等色。

图 3-99（5）手力典型服饰式样图绘

　　这是北宋常见的白衣手力，是职级最低的一种，其图绘内容为：皂色无脚幞头、白色圆领缺胯小袖短衣（衣领散开，衣摆裹腰）、白色交领缺胯至膝中单、垂带腰裙、腕带、小口白裤、系带练鞋。其色彩以白色为主体，可有枣红色、灰绿色、皂色与之相配。

图 3-99（6）手力典型服饰式样佐证图一

此处佐证图上左：开化寺壁画（局部，北宋郭发，山西高平）中的职役，是抬运重物的手力角色。其着皂色硬脚幞头、紫色圆领缺胯小袖长衣（衣摆裹扎腰间）、白色缺胯长中单及汗衫、革带、橄榄绿色长带腰裙、白裤、练鞋，与其他职役多有类似，区别多在袖口、幞头、腰裙等细节。上中、上右均自《西岳降灵图卷》（局部，北宋李公麟〈传〉，北京故宫博物院藏）。上中：为轿夫形象，是官方手力类职役。其着顺风脚幞头、圆领缺胯窄袖短衣（衣领散开，或褪露右肩并缠裹长袖于腰）、白色中单、革带、长度不一的腰裙、白裤，下应为练鞋，也与同画面中的其他职役多有类似。上右：应为一名车夫。其着顺风脚幞头、交领窄袖短衣、交领中单，与其他职役区别明显，其下所着应为白色长裤、帛鞋。下左：1955 年陕西兴平出土的宋彩陶男立俑（陕西历史博物馆藏），应为一名官府手力。其着丫顶幞头、圆领窄袖缺胯修身短衣（下摆卷扎腰间，应为秋冬衣）、圆领中单、交领汗衫、赤色腰裙、小口长裤、深口履。下右：开化寺壁画（局部，北宋郭发，山西高平）中右侧的两位职役应是执行活埋犯人的手力。其着皂色无脚幞头、白色圆领缺胯小袖短衣（衣领散开，衣摆裹扎腰间且袖子上撸）、腕带、白色中单、淡绿色长带腰裙、白裤、练鞋，相较其他职役着装规格更低。

百工百衣

风尚图绘再现

胥吏

图 3-100（1）手力典型服饰式样图绘

这是官府中常有的底层手力角色，其图绘内容为：皂色硬脚幞头、白色小袖圆领缺胯短衣、白色交领缺胯窄袖中单、软交领汗衫、腰裙、革带、小口白裤、系带帛鞋。其主体色彩为白色，配以皂色。

PANTONE 19-0506TPX

PANTONE 11-0601TPX

图 3-100（2）手力典型服饰式样图绘

　　这也是一个典型的手力类皂吏形象，是高级官府文职手力职位。其图绘内容为：皂色丫顶幞头、皂色小袖圆领无衩宽松长衣、小袖交领白色短中单、黑色革带、小口白裤、练鞋。此套装具有较强职役代表性，特作彩绘。

图 3-100（3）手力典型服饰式样图绘

　　这是官府中起居侍应类手力，其图绘内容是：皂色丫顶幞头、窄袖圆领缺胯过膝长衫（衣摆上卷于腰）、窄袖交领缺胯过膝长中单、缺胯交领长汗衫、腰裙、革带、窄口卷边白裤、系带线鞋。其主体色彩可为青灰、皂、白等色。

图 3-100（4）手力典型服饰式样图绘

　　这是皇室中的太监角色，是一种手力形象，与图 3-100（2）形象相似，但在袖形、衣摆及革带色彩等细节上有所不同。其图绘内容为：皂色丫顶幞头、皂色中袖圆领无衩宽松覆足长衣、小袖交领白色长中单、革带（常为绯色）、大口白裤、白色丝鞋。主体色彩可有绯、青灰、皂、白、金、银等色。

图 3-100（5）手力典型服饰式样佐证图二

　　此处佐证图左一：《会昌九老图》（局部，北宋李公麟〈传〉，北京故宫博物院藏）中的仆役，其着皂色硬脚幞头、白色小袖圆领缺胯短衣、白裤、帛鞋，为北宋官府常有人力形象。左二：《十咏图》（局部，北宋张先，北京故宫博物院藏）中的人力，其着皂色丫顶幞头、小袖圆领长衣、白色中单、革带、白裤、练鞋，此人力是北宋官府官员亲从等身份较高的一种。左三：福建省尤溪一中宋墓壁画中的捧洗侍从 [1]，是一种手力。其着皂色丫顶幞头、窄袖圆领缺胯过膝长衫（衣摆上卷）、腰裙、缺胯中单及汗衫、革带、窄口卷边白裤、系带线鞋，是北宋官府中照顾主人衣食起居的人力形象。左四：江西省乐平九林宋墓壁画中的捧洗侍从 [2]，也是一种手力。其着皂色丫顶幞头、中袖圆领至踝长衣、中单、革带、大口白裤、练鞋，应是北宋官廷中照顾皇族衣食起居的人力形象。

6、教坊胥吏

　　北宋时期文体娱乐业十分发达，官方机构也活跃有序，对社会开放，其职业活动影响较大。《东京梦华录》载："教坊、钧容直，每遇旬休按乐，亦许人观看。每遇内宴前一月，教坊内勾集弟子小儿，习队舞作乐，杂剧节次。" [3] 教坊中的基层管理与工作者也为胥吏，即在政府系统中从事乐舞表演工作的乐人、舞人、百戏人（杂技、竞技类）等，其与社会上从事乐舞杂技表演的民间艺人角色不同，着装规制差异较大，形象具有官方鲜明特征，标识性、实用性、文化性强（见图 3-101~ 图 3-108）。

1　杨琮，林玉芯：《闽赣宋墓壁画比较研究》，《南方文物》，1993 年第 4 期，第 74 页。
2　杨琮，林玉芯：《闽赣宋墓壁画比较研究》，《南方文物》，1993 年第 4 期，第 74 页。
3　上海师范大学古籍整理研究所编：《全宋笔记》第 5 编第 1 册，郑州：大象出版社，2012 年，第 148 页。

图 3-101（1）乐人典型服饰式样图绘

　　此为北宋教坊乐部主要着装式样之一，其图绘内容为：皂色无脚幞头、小袖圆领缺胯过膝长衫、白色窄袖高交领短中单、垂长带腰裙、帛带、小口白裤、系带练鞋（麻编）。其主体色彩可有枣红色、紫红色、草绿色、皂色、白色等。

图 3-101（2）乐人典型服饰式样图绘

　　这是一种胡汉融合的乐人形象，其图绘内容是：皂色幅巾、圆领小袖缺胯长衣、交领小袖短中单、蹀躞带、小口长裤、系带白履。其主体色彩常为皂白二色。

图 3-101（3）乐人典型服饰式样佐证图一

此处佐证图上：开化寺壁画（局部，北宋郭发，山西高平）中的鼓手，应是教坊中的一类角色。其着皂色幞头、紫色小袖圆领缺胯过膝长衫、橄榄绿色腰裙、白色窄袖中单、帛带、白裤、练鞋，用色与基本形制类同于此壁画中多数职役，但区别在于首服、衣袖、腰带等细节。下：《西岳降灵图卷》（局部，北宋李公麟〈传〉，北京故宫博物院藏）的中部是一位官方琴师。其着皂色幅巾、圆领小袖长衣、蹀躞带，还应着长裤、白履，是典型的中原服饰与胡服的融合形象。

图 3-102（1）乐人典型服饰式样图绘

　　这里图绘再现的是又一类乐人形象，为教坊高级乐人（乐官）。其图绘内容为：皂色前交脚幞头、圆领窄袖缺胯过膝长衣（暗肩扣）、腰裙、白色交领窄袖短中单、白色小口长裤、系带练鞋、皂色宽革带。其主体色彩可有黄褐、青灰、皂、白等色。

图 3-102（2）乐人典型服饰式样佐证图二

此处佐证图即《歌乐图》（局部，南宋佚名，上海博物馆藏）中的乐工，其着皂色前交脚幞头、褐色圆领窄袖缺胯过膝长衣、灰色腰裙、白色窄袖中单、白裤、练鞋，为北宋末年至南宋较长阶段教坊乐部常有的乐工形象。

PANTONE 19—0506TPX

PANTONE 11—0105TPX

PANTONE 18—1350TPX

PANTONE 11—0601TPX

图 3-103（1）乐人典型服饰式样图绘

　　此处图绘的乐人具有典型的传承性与时代性，其具体内容为：漆纱笼巾、红色中袖圆领缺胯长衫（背系袖身）、交领小袖无衩过膝淡黄长中单、交领窄袖无衩白长衫（内衣）、白练帛带、大口白裤、白履。这是北宋乐人中的主要代表形象，特作彩绘。

图 3-103（2）乐人典型服饰式样图绘

　　这是簪花击鼓乐人形象，具体图绘内容为：簪花长脚幞头、至踝缺胯中袖宽衫（背系宽袖）、看带束带（均为革带）、束口窄袖交领无衩覆足长中单、小口白裤、帛鞋。其主体色彩可有绯色、浅驼色、皂色、白色等。

图 3-103（3）乐人典型服饰式样图绘

　　这也是一位簪花击鼓乐人形象，与图 3-103（2）中形象几乎同一，但幞头、套穿等细节有差异。其具体图绘内容为：簪花花脚幞头、至踝缺胯中袖宽衫（背系宽袖）、束口窄袖交领缺胯至踝长中单、窄袖交领无衩至踝长内衣（汗衫）、小口白裤、看带束带（均为革带）、帛鞋。其主体色彩可有绯色、浅驼色、皂色、白色等。

图 3-103（4）乐人典型服饰式样佐证图三

　　此处佐证图上：《孝经图卷》（局部，南宋佚名，辽宁省博物馆藏）中的乐工，其着黑漆笼巾、绯色宽袖圆领缺胯长衫并背系袖身、白练帛带、白裤、白履。下左、下中：宋代擂鼓与腰鼓人物浮雕陶砖（开封博物馆藏）中的服饰形态。擂鼓人着簪花长脚幞头、至踝宽衫（背系宽袖）、看带束带、束口窄袖中单、帛鞋，打腰鼓人着簪花花脚幞头，将长衫前摆搭于鼓上，其余着装与擂鼓者相类，均为教坊乐部的击鼓人形象。下右：北宋杂剧人物砖雕（1990 年河南焦作温县西关出土）中的擂鼓人，其也着簪花花脚幞头，整体着装与其左二图相类。《东京梦华录》载："官架前立两竿，乐工皆裹介帻如笼巾，绯宽衫勒帛。"[1] 还载："击鼓人背结宽袖，别套黄窄袖，垂结带。"[2] 均能体现此处形象特征。结合前文图证可见乐工服饰的多样性。

1　上海师范大学古籍整理研究所编：《全宋笔记》第 5 编第 1 册，郑州：大象出版社，2012 年，第 185 页。
2　上海师范大学古籍整理研究所编：《全宋笔记》第 5 编第 1 册，郑州：大象出版社，2012 年，第 177 页。

图 3-104（1）乐人典型服饰式样图绘

　　弹拨类乐器、打击类乐器之乐工基本都穿用与之便宜操作所需相适应的窄袖衣，而此处再现的是宽衫广袖类着装，具体图绘内容为：簪花花脚幞头、圆领广袖襕衫、窄袖交领至踝缺胯中单、看带束带、小口长裤、深口单梁帛鞋。这里的广袖襕衫有着非常宽大的造型形态，是对高级公服的演绎，广袖、宽身、长摆、横襕、圆领等基本结构组合可参见此处平面结构图。其色彩常为深紫、青绿、绯、浅驼、皂、白等色。

图 3-104（2）乐人典型服饰式样图绘

　　这是另一类乐人宽衫造型，与图 3-104（1）相比仅有幞头局部不同。其具体图绘内容为：簪花展脚幞头、圆领广袖襕衫、窄袖交领至踝缺胯中单、看带束带、小口长裤、深口单梁帛鞋。其色彩常为深紫、青绿、绯、浅驼、皂、白等色。

百工百衣

风尚图绘再现

胥吏

图 3-104（3）乐人典型服饰式样佐证图四

　　其佐证图上左、下左与下中均为开封博物馆所藏杂剧人物浮雕陶砖，上中、上右、下右均为 1990 年温县西关出土的北宋杂剧人物砖雕。其主体衣着为簪花花脚或长脚幞头、圆领广袖襕衫、看带束带、窄袖交领中单、长裤、帛鞋。从下右图可以推断，艺人似乎还着有围裹类的布帛，应为义襕（围肚）。佐证图所呈现的基本形象也如《东京梦华录》的记载："教坊乐部，列于山楼下彩棚中，皆裹长脚幞头，随逐部服紫、绯、绿三色宽衫，黄义襕，镀金凹面腰带，前列拍板，十串一行，次一色画面琵琶五十面，次列箜篌两座。"¹ 可见艺人尽力模拟承载了体现宋学主流价值观的、现实中的朝服或主流官吏服饰形态，但又不得不为了工作便捷而内着不同于官员实际的窄袖衣，且在首服形态上制造了更具戏剧化的效果。

1　上海师范大学古籍整理研究所编：《全宋笔记》第 5 编第 1 册，郑州：大象出版社，2012 年，第 177 页。

图 3-105（1）舞人典型服饰式样图绘

　　教坊舞人服饰与乐人偶有不同，主要特征依然是灵便。此处具体图绘内容为：短展脚软顶幞头、圆领小袖缺胯长衣（肩部饰纹）、交领窄袖无衩长中单、小口长裤、帛带、无底膝裤、系带帛鞋、道具（别插腰带）。其主体色彩常为深紫色、青绿色、绯色、浅驼色、皂色、白色等。

图 3-105（2）舞人典型服饰式样图绘

　　这是一位持扇舞人形象，其具体图绘内容为：花脚幞头、圆领窄袖束口缺胯长衣（袖臂缚带）、窄袖交领无衩宽摆覆足长中单、交领汗衫、革带、小口长裤、帛鞋。其主体色彩也常为深紫色、青绿色、绯色、浅驼色、皂色、白色等。官方艺人常常不受平民色彩法令的限度，其式样丰富多样，如沈从文先生引文所称"伎乐承应公事，诸凡穿着不受法令限制"[1]。

1　沈从文：《中国古代服饰研究》，北京：商务印书馆，2011 年，第 509 页。

图 3-105（3）舞人典型服饰式样图绘

　　这是一位口哨技艺舞人，其着装图绘内容为：诨裹（折枝花形态）、圆领小袖异色缘边缺胯短衣、交领窄袖短袖短中单、软交领汗衫、帛带、小口长裤、小口系带帛鞋、鼓槌等道具。其圆领外衣中缝的装饰性缘边值得关注，这是宋代职役公服存在的一种象征性装饰手法，具体可参考其着装图右下平面结构图所示。主体色彩常有深紫色、青绿色、绯色、浅驼色、皂色、白色等。

PANTONE 18-5121TPX

PANTONE 19-1627TPX

PANTONE 19-0506TPX

PANTONE 19-1762TPX

PANTONE 16-0924TPX

PANTONE 11-0601TPX

图 3-105（4）舞人典型服饰式样图绘

此为职业特征十分典型的花装幞头舞人，特作彩绘。其具体图绘内容为：皂色花装翘脚（曲脚）幞头、青绿圆领窄袖叠褶缺胯长衣（前衣摆提扎腰带）、绯色革带、深紫色垂长带小腰裙、浅驼色至足窄袖圆领四褛长中单、白色交领宽摆无衩至足长内衣、粉底皂色单梁帛鞋。这里的窄袖叠褶缺胯外衣两侧开衩较大，且缝有叠褶内摆，是一种特色突出的演出用装，具体结构可见着装图右下的平面展开图。也因该部分结构特殊，本研究进行了专项试制推定，最终确定图绘式样。具体见附图 1～4。

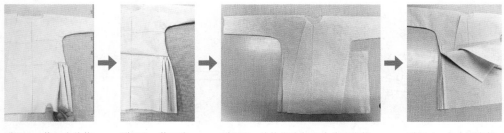

附图1：第一次结构
试错与制作

附图2：第二次
结构试错与制作

附图3：结构终试与衣片处理分析

附图4：衣片再分析
与式样细节推定

图 3-105（4）附图　叠褶局部结构试验与推定

图 3-105（5）舞人典型服饰式样佐证图

此处佐证图左一、左二、右二均自 1990 年温县西关出土的北宋杂剧人物砖雕。左一：该舞人叉手，着短展脚幞头、圆领小袖饰肩缺胯长衣、帛带、窄袖中单，下应着浅口帛鞋，腰间别插道具。《东京梦华录》载："每遇舞者入场，则排立者叉手，举左右肩，动足应拍，一齐群舞，谓之'拨曲子'。"[1] 所述情景与此图相类。左二：这是一个持扇舞人，其着花脚幞头、圆领窄袖束口缺胯长衣、革带、窄袖交领中单，交领汗衫，袖子绑缚帛带，下应着帛鞋。右二：应为一名多技能舞人，其着诨裹（应为布帛做成的折枝花形态）、圆领小袖缺胯短衣、帛带、小口长裤、小口帛鞋。手中应持有鼓槌，时而擂鼓，时而吹口哨并跳舞，腰后似乎还插置了随舞蹈可以弹动的道具。右一：为开封博物馆所藏杂剧人物浮雕陶砖，表现的也是一名舞人形象，其着花装翘脚（曲脚）幞头、圆领窄袖叠褶缺胯长衣、革带、垂长带腰裙、至足四裰衫中单、至足无衩内衣、帛鞋，衣摆提挂腰间，这是一种职业效果突出的舞蹈服装。可见舞蹈人物着装的戏剧性、道具和服饰细节的多样性。

1　上海师范大学古籍整理研究所编：《全宋笔记》第 5 编第 1 册，郑州：大象出版社，2012 年，第 177 页。

图 3-106（1）其他官方艺人典型服饰式样图绘

　　此处图绘为杂剧中的其他角色着装，具体内容为：花装展脚幞头、方领广袖襕衫、窄袖交领至足中单、看带束带、小口长裤、深口单梁帛鞋。此处的方领广袖襕衫平面结构图如其右下图，方领的形制较有特色，应具有特殊的着装内涵。其主体色彩可有深紫、青绿、绯、浅驼、皂、白等色。

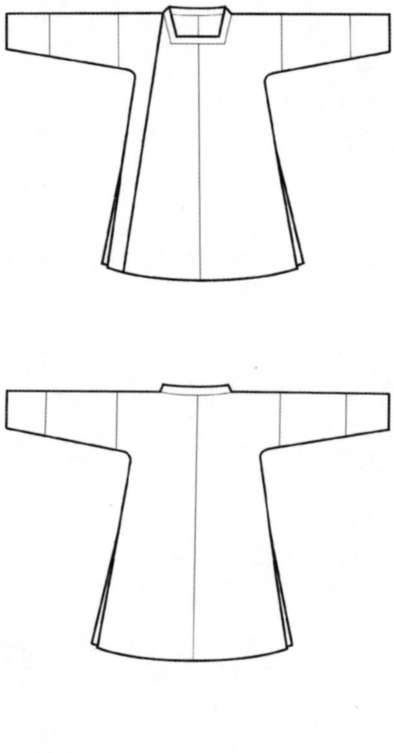

图 3-106（2）其他官方艺人典型服饰式样图绘

　　这是一位衙役角色的持杖杂剧艺人，着装图绘内容为：丫顶幞头、方领窄袖缺胯短衫（衣摆斜向交裹于腰）、交领窄袖束口短中单（袖口束臂）、软交领汗衫、小口长裤、宽缘吊敦（女扮男装的女艺人常着）、单梁帛鞋。这里的方领窄袖缺胯短衫展示了方领的另一种衣装形态，结构图如此处平面展开图所示。此款套装主体色彩常有青灰色、绯色、皂色、白色等。

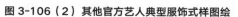

图 3-106（3）其他官方艺人典型服饰式样图绘

　　这是一位舞蹈并击鼓的杂剧艺人，其图绘内容为：花装花脚幞头、圆领缺胯小袖长衫、看带、束带、交领束臂窄袖缺胯长中单、软交领窄袖无衩长汗衫、小口长裤、连底膝裤、单梁帛鞋。其主体色彩常有青灰、绯、皂、白等色。

图 3-106（4）其他官方艺人典型服饰式样佐证图

此处佐证图均自 1990 年温县西关出土的北宋杂剧人物砖雕。左：为一队列中的肃立者，其着花装展脚（长脚）幞头、方领广袖宽衫、交领中单、看带、束带，下应着长裤、帛鞋。中：为一似乎正在说唱的持杖杂剧人物，其着丫顶幞头、方领窄袖缺胯衫（衣摆斜向交错裹于腰）、交领束口窄袖短中单、交领汗衫、小口长裤、宽缘吊敦、帛鞋，从面容、配件等判断可能是女性扮演的官府卫士角色。右：似为舞蹈中的杂剧人物，其着花装花脚幞头、圆领缺胯小袖长衫、看带、束带、交领束臂窄袖中单、小口长裤、吊敦、帛鞋，其两侧鼓起形态可能是中单衣摆被拢扎在一起或携带了道具，抑或是外衣摆下露出的腰鼓，总之绘制不精，难以辨认。由此可见，小窄口中单、小窄口长裤、方领、装饰性局部、花装等是教坊杂剧人常有的着装内容。

图 3-107（1）马球运动典型服饰式样图绘

　　马球、相扑等竞技类运动也是教坊主管执行的主要事务。此处图绘为马球胥吏着装，具体内容为：饰花翎交脚幞头、圆领窄袖缺胯短衣（袖口结带）、交领窄袖短中单、软交领汗衫、锦绣围腰、革带、小口长裤、翘尖头皂靴。其整体色彩常为青绿、金黄、青灰、绯、皂、白等色。

图 3-107（2）马球运动典型服饰式样图绘

　　这是一位职业形象鲜明的马球运动低职管理者，因角色不同，着装与其他运动员有较大差异。其图绘内容为：花脚朝天幞头、绣肩补纹圆领窄袖缺胯短衣（袖口结带，肩饰、中缝、袖口异色宽缘）、交领窄袖无杈短中单、软交领汗衫、革带、小口长裤、镶纹皂靴。其整体色彩常为青绿、金黄、绯、皂、白等色。

图 3-107（3）马球运动典型服饰式样佐证图

　　此处佐证图均自《明皇击球图》（局部，南宋佚名，辽宁省博物馆藏），从局部内容判断，抑或为元代作品，但也基本可以佐证北宋实际。上：为一名马球侍奉者，其着饰花翎交脚幞头、圆领窄袖缺胯短衣、锦绣围腰、革带、交领中单、长裤、翘头皂靴，袖口结带，所着职业性突出。中：应是马球运动的专职供奉官（低职官员，类同胥吏），但因角色不同而与左图着装差异较大。其着花脚朝天幞头、绣肩纹肚圆领窄袖缺胯短衣、革带、交领无衩中单、长裤、镶纹皂靴，中缝饰缘，袖口结带，角色职业性鲜明。下：为上图中围腰式样的具体放大。《宋史》第121卷载："打球，本军中戏。太宗令有司详定其仪……左朋黄襕，右朋紫襕；打毬供奉官左朋服绣，右朋服绯绣，乌皮靴，冠以华插脚折上巾。"[1]可见，马球运动有着较强的仪式感。就其文献描述，其襕应即围腰（类似捍腰）。左右军也分不同色彩的刺绣衣，均有乌皮靴、装饰华丽插脚的幞头，与图中反映相类。

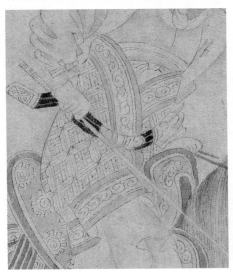

1　［元］脱脱：《宋史》第121卷《礼二十四》，北京：中华书局，1977年，第2841—2842页。

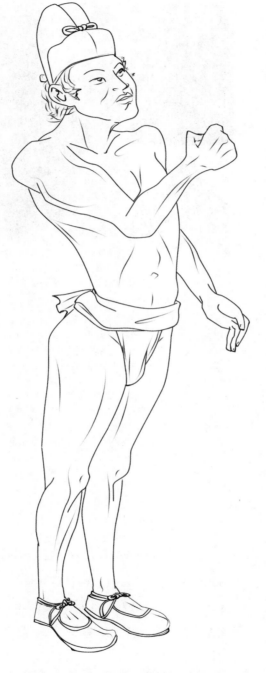

图 3-108（1）相扑手典型服饰式样图绘

　　相扑手着装也是北宋运动职业服饰中的典型，此处图绘内容为：无脚幞头、护裆肚带、系带帛鞋。主体色彩即皂白二色。

图 3-108（2）相扑手典型服饰式样佐证图

此处佐证图左上：相扑陶模（宋代，大观博物馆藏）似为仅着护裆肚带的形象；但是，从其雕刻手法和效果来看，又似乎是所着长裤外缠裹了护裆肚带，且有足衣。右：绿釉相扑俑（宋代，河南博物院藏），似乎为束发而着护裆肚带之形象，从其下身衣纹状线条又似为着裤并缠裹护裆肚带，有足衣。左下：敦煌莫高窟唐代藏经洞中的相扑形象，应为束发，身着护裆肚带、足衣。《梦粱录》的记载为："且朝廷大朝会、圣节、御宴第九盏，例用左右军相扑，非市井之徒，名曰'内等子'，隶御前忠佐军头引见司所管……每遇拜郊、明堂大礼，四孟车驾亲飨，驾前有顶帽，鬓发蓬松，握拳左右行者是也。"[1] 说明被官方规范的相扑手着帽子，所以本处图像应为"市井之徒"所常见形象。官方形象应为着幞头帽子并着护裆肚带、靴履的形象，且为了便于运动，其幞头应为无脚。

7、圉人

圉人即为政府养马的人。在唐宋时期，其范畴包括奚官（低级官吏）、普通马夫等，其着装也具有较强职业规范性。因所在机构、职位的不同，其着装差异也明显，具体可见以下系列图绘之阐释（见图 3-109~ 图 3-110）。

1　上海师范大学古籍整理研究所编：《全宋笔记》第 8 编第 5 册，郑州：大象出版社，2017 年，第 306 页。

图 3-109（1）马夫典型服饰式样图绘

　　这是北宋官方管理层马夫即奚官的典型服饰式样图绘，其内容为：左后顺风脚皂色软胎幞头、小袖圆领过膝无衩长衣（衣领散开）、交领窄袖纱质缺胯短中单、革带、白色小口长裤、系带帛鞋。此主体色彩为青灰、藕荷、灰褐、皂、白等色。

PANTONE 19—0506TPX

PANTONE 17—1506TPX

PANTONE 18—1320TPX

PANTONE 11—0601TPX

图 3-109（2）马夫典型服饰式样图绘

　　这是北宋官方普通马夫的服饰式样图绘，其内容为：左后顺风脚皂色软胎蹼头、小袖圆领无衩短衣（衣领散开，下摆提扎腰间）、交领窄袖纱质缺胯短中单、革带、白色犊鼻裈、系带练鞋，具有突出的百工职业代表性，特作彩绘。此主体色彩为青灰、藕荷、灰褐、皂、白等色。

图 3-109（3）马夫典型服饰式样佐证图一

此处佐证图均自《临韦偃牧放图》（局部，北宋李公麟，北京故宫博物院藏）。上：为跨马的奚官，其着不同方向的顺风脚皂色幞头、不同色小袖圆领过膝长衣（通过该图其他着装形象对比可断该款衣长应过膝盖，且有的衣长可至脚踝）、交领中单、革带、白色长裤、系带帛鞋（也有麻鞋，高级奚官可有筒靴）。下：这应是普通马夫的形象，其着不同方向顺风脚皂色幞头、不同色小袖圆领短衣（衣长至膝，有的衣领散开外翻、下摆提扎腰间，总体呈短衣形象）、交领纱质中单、革带，下应为犊鼻裈类、系带帛鞋，短衣短裤类着装可利于饮马。可见其着装方式多样。

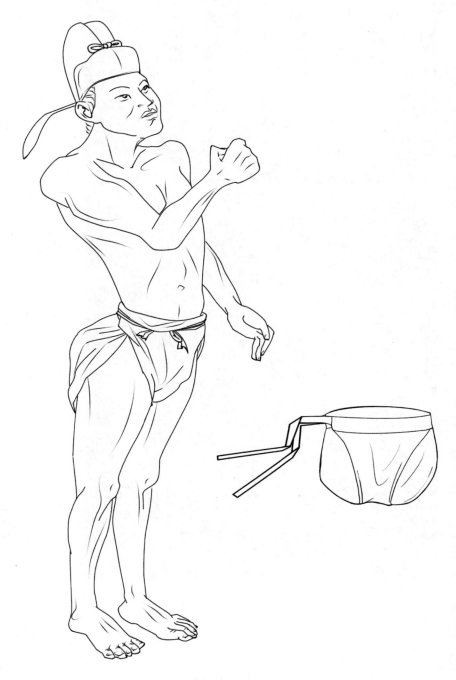

图 3-110（1） 马夫典型服饰式样图绘

　　此处马夫着装式样应为北宋早期形象，但也对后世有持续影响，具体图绘内容为：皂色硬脚幞头、白色犊鼻裈、帛带。其中的犊鼻裈结构除了前文所示的可能性外，还可能是其右下结构形态，为前后衣片相连方式，但右侧开腰并钉缝结带而左侧缝连。其色彩主体为皂白二色。

图 3-110（2）马夫典型服饰式样图绘

这是正在铡草备料的马夫，其着装有鲜明的功能性特色，具体图绘内容为：皂色硬脚幞头、小袖圆领无衩短衣（前衣摆卷扎于腰）、圆领窄袖短中单、襻膊、看带、束带、开裆长裤（袴）、皂靴。主体色彩为皂白二色。

百工百衣

风尚图绘再现

胥吏

PANTONE 19—0506TPX

PANTONE 11—0601TPX

图 3-110（3）马夫典型服饰式样图绘

　　此处马夫着装与图 3-110（2）相类，但也有资料显示其靴子色彩存有本白色倾向。具体图绘内容为：皂色硬脚幞头、小袖圆领无衩短衣、圆领窄袖短中单、看带、束带、开裆长裤（袴）、本白色筒靴、吊囊。其主体色彩依然为皂白二色。此图绘形象展示较为直观、完整，具有百工职业代表性，特作彩绘。

图 3-110（4）马夫典型服饰式样佐证图二

　　此处佐证图均自《百马图》（局部，北宋佚名，台北故宫博物院藏）。上左、上右：均为硬脚幞头与犊鼻裈的搭配，还可见类似手环之物，应为洗马工具之类。左图还表明确了其外穿开裆裤的形态，可断为早期着装典型，可参考《闸口盘车图》中的类似形象。下左：上左侧为铡草的马夫，其着皂色硬脚幞头、小袖圆领无衩短衣、圆领短中单、襻膊、看带、束带、开裆长裤、皂靴，衣摆扎腰。右侧二者着装与之类似，但未有襻膊，腰间有看带、束带。下右：其所着与下左类似，腰间还挂有腰包（或为吊囊），应为职业所需。

8、更夫

　　更夫是基于报时制度产生的、负责晚间打更的古代职业，流行于汉族社会。其不仅负责打更报时，还有提醒防火防盗的责任，所以发挥的社会保障作用也较突出，为官方常设职业。因更夫职业源自平民徭役，其着装制式则为寻常多见（见图3-111）。

胥吏

图 3-111（1）更夫典型服饰式样图绘

此典型式样图绘内容为：皂色系带巾、小袖圆领缺胯短衣、窄袖交领缺胯短中单、软交领汗衫、腰裙、白色帛带、小口长裤、系带练鞋。其色彩以白为主体，配以皂色。

图 3-111（2）更夫典型服饰式样佐证图

　　此处佐证图为《清明上河图》（局部，北宋张择端，北京故宫博物院藏）中的更夫，即着皂色系带巾、小袖圆领短衣、帛带，下应着白色小口长裤、练鞋。

　　本部分图绘再现胥吏职业服饰不同式样共计 61 套，其中最具代表性式样共计有 10 套。

表 3-18　胥吏职业服饰细节经典提纯

图别	图例	说明
首服		其首服经典可有：锁芯系带皂巾、佩环锁芯头巾、皂纱软脚幞头、漆纱笼巾、花装幞头、顺风脚幞头等。具体参见图 3-90（4）、图 3-93（1）、图 3-95（4）、图 3-103（1）、图 3-105（4）、图 3-109（2）。
上衣		其上衣经典内容有：小袖、窄袖、背系式宽袖、圆领（可散开），内外衣搭配层次，腕带、襻膊等实用性配件，皂白兼汇多样化其他色彩。具体参见图 3-93（1）、图 3-95（4）、图 3-103（1）、图 3-105（4）、图 3-109（2）、图 3-110（2）。

百工百衣 —— 风尚图绘再现

胥吏

图别	图例	说明
下装		下装主要经典有：腰裙、围裙配白色小口长裤（或开裆），帛带、革带（看带束带），四褛衫、两侧缺胯衫、纱质短衫、无杈短衫、犊鼻裈，衣摆扎卷腰，配件吊挂，多样层次。具体参见图3-93（1）、图3-94（1）、图3-95（4）、图3-105（4）、图3-109（2）、图3-110（3）。
足衣		其足衣经典有：白色系带麻鞋或帛鞋（形态多样）、粉底深口皂履、多色多样局部筒靴。具体可参见本节胥吏职业所有图例足衣，可细察不同细节。

　　表3-18集中展示了北宋胥吏职业服饰局部的经典细节，可见其圆领、小袖、窄身、缺胯、开裆、提摆、系袖、襻膊等功效设计较为突出，同时着装层次性表达方式多样，礼仪性、实用性交叉呈现，多局部的官、民职业交融特点鲜明，征显了北宋服装设计的实用理性思维，体现了其近世化的时代特征。胥吏职业服饰系统因国朝吏人体系之庞大而建构复杂，具体见表3-19。

表 3-19 胥吏代表性职业服饰谱系

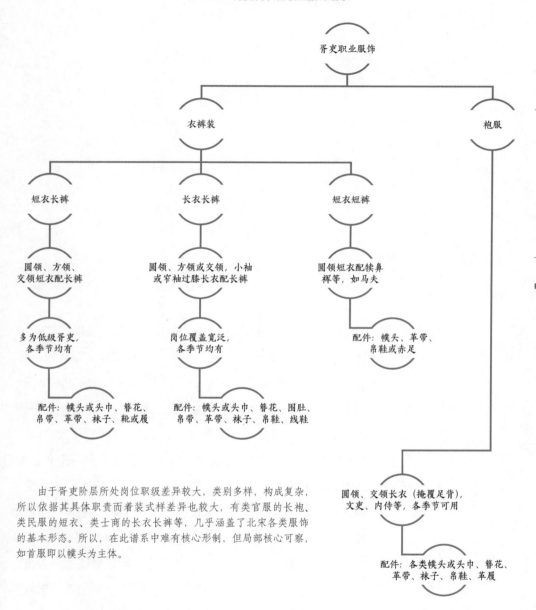

胥吏职业服饰

衣裤装

袍服

短衣长裤

长衣长裤

短衣短裤

圆领、方领、交领短衣配长裤

圆领、方领或交领，小袖或窄袖过膝长衣配长裤

圆领短衣配犊鼻裈等，如马夫

多为低级胥吏，各季节均有

岗位覆盖宽泛，各季节均有

配件：幞头、革带、帛鞋或赤足

配件：幞头或头巾、簪花、帛带、革带、袜子、靴或履

配件：幞头或头巾、簪花、围肚、帛带、革带、袜子、帛鞋、线鞋

圆领、交领长衣（掩覆足背），文吏、内侍等，各季节可用

配件：各类幞头或头巾、簪花、革带、袜子、帛鞋、革履

由于胥吏阶层所处岗位职级差异较大，类别多样，构成复杂，所以依据其具体职责而着装式样差异也较大，有类官服的长袍、类民服的短衣、类士商的长衣长裤等，几乎涵盖了北宋各类服饰的基本形态。所以，在此谱系中难有核心形制，但局部核心可察，如首服即以幞头为主体。

胥吏虽处于社会底层（在传统观念中归属贱民序列），但其伴于官员身边，掌握民情官意，在北宋极能被政府看重，着装规格虽有差异，但基本处于统一而严格的规范之中，承载了诸多文化意涵和基因形态，值得传承研究。

艺人

　　《东京梦华录》记载："崇、观以来，在京瓦肆伎艺：张廷叟，《孟子书》。主张小唱：李师师、徐婆惜、封宜奴、孙三四等，诚其角者。嘌唱弟子：张七七、王京奴、左小四、安娘、毛团等。教坊减罢并温习：张翠盖、张成弟子、薛子大、薛子小、俏枝儿、杨总惜、周寿奴、称心等。般杂剧：杖头傀儡任小三，每日五更头回小杂剧，差晚看不及矣。悬丝傀儡，张金线。李外宁，药发傀儡……王颜喜、盖中宝、刘名广，散乐。张真奴，舞旋。杨望京，小儿相扑、杂剧、掉刀、蛮牌。董十五、赵七、曹保义、朱婆儿、没困驼、风僧奇、俎六弄，影戏。丁仪、瘦吉等，弄乔影戏。刘百禽，弄虫蚁。孔三传、耍秀才，诸宫调。毛详、霍伯丑，商谜。吴八儿，合生，张山人，说诨话。刘乔、河北子、帛遂、胡牛儿、达眼五、重明乔、骆驼儿、李敦等，杂班。外入孙三神鬼。霍四究，说《三分》。尹常卖，《五代史》。文八娘，叫果子，其余不可胜数。不以风雨寒暑，诸棚看人，日日如是。教坊钧容直，每遇旬休按乐，亦许人观看。每遇内宴前一月，教坊内勾集弟子小儿，习队舞作乐，杂剧节次。"[1] 这是北宋民间十分繁荣、壮观的演艺发展形态描写。此时，沿袭于古代的百戏表演已经展现分化发展的势头。其中，说唱类表演属于伎乐，包含唱、诸宫调、耍令等形式；散乐，曾在南北朝时期等同于百戏，但此时则成为戏剧歌舞的专称，以杂剧为"正色"；而百戏此时已不同于以往作为各类民间表演艺术的统称范畴，多专指杂技与竞技类表演，还包括歌舞俳优之逗笑说唱类艺术，已不再包含杂剧类（其反为民间乐舞类，一般会有较完整的戏剧情节）内容。

由文献描述可见，除了官方教坊的艺术文化活动外，北宋百姓也常常乐享于歌舞，各类文艺演出不断，涌现出大量艺术名家，民间艺人也呈现职业化发展趋势，职业服饰有了稳定而多样化的形态（见图 3-112~ 图 3-120 ）。

1　上海师范大学古籍整理研究所编：《全宋笔记》第 5 编第 1 册，郑州：大象出版社，2012 年，第 148 页。

图 3-112（1）民间杂剧典型服饰式样图绘

　　此处的图绘再现为民间杂剧表演艺人，是依据女扮男装还原的男装之基本内容，具体为：皂色诨裹、交领中袖缺胯短衣、交领窄袖短中单、软交领汗衫、腰裙、行囊（系扎腰间）、小口白裤等。主体色彩为深紫、青灰、皂、白等色。

图 3-112（2）民间杂剧典型服饰式样图绘

　　这也是依据女扮男装还原的民间杂剧艺人所着男装基本要素的图绘，具体为：簪花多棱纹饰皂色系带头巾、圆领窄袖缺胯齐膝短衣、软交领汗衫、后覆式腰裙（腰帕）、腰裙、小口白裤、"末色"蒲扇、管乐器等。主体色彩也为深紫、青灰、皂、白等色。

图 3-112（3）民间杂剧典型服饰式样佐证图一

　　此处佐证图为《打花鼓图》（南宋佚名，北京故宫博物院藏）中的杂剧人物。左一人着皂色诨裹、褐色交领中袖缺胯短衣（偏袒右肩）、青花行囊，为男装特征部分。另着皂缘窄袖紫红色裆子、白色抹胸、浅灰绿纹长腰裙、白裤、青花吊敦（膝裤）、白袜、浅灰绿弓头鞋，为女装特征部分。右一人着簪花皂色头巾、青花腰帕（应属于官方杂剧艺人义襕的模拟），为男装角色标识，而其对领紫红花缘窄袖白裆子、白色抹胸、深紫腰裙、白裤、紫红弓头鞋等则为女装内容。两者所配道具与着装细节均证明其为着男装的女艺人，虽为女性但着装内容基本展现了民间男装类杂剧人物的典型特征。

图 3-113（1）民间杂剧典型服饰式样图绘

　　此处图绘再现的也是民间杂剧艺人装扮，是依据女扮男装内容还原的郎中角色的基本男装内容，具体为：皂色高装幞头、交领大袖宽缘至足直裰、白色窄袖交领覆足中单、白色大口裤、翘头皂履、镶饰背包、眼睛标识帛片（坠挂）。整体色彩应用可有深紫、青灰、皂、白等色。

PANTONE 17—1506TPX

PANTONE 13—3910TPX

PANTONE 16—5904TPX

PANTONE 11—0601TPX

图 3-113（2）民间杂剧典型服饰式样图绘

　　此为民间杂剧艺人的另一典型着装，此处作彩绘表达，具体图绘内容为：高扎角额饰诨裹、异色缘圆领小袖无衩短衣、交领窄袖缺胯中单、软交领窄袖内衣、白色腰帕（后覆式腰裙）、白色腰裙、小口白裤、系带白履、裂口"诨"字蒲扇。整体色彩应用可有深褐、深青灰、浅青灰、白等色。

图 3-113（3）民间杂剧典型服饰式样佐证图二

此处佐证图为《卖眼药图》（南宋佚名，北京故宫博物院藏）中的杂剧人物。左一人为眼药郎中模样的艺人形象，其着皂色高装幞头、紫纹灰缘交领大袖长款紫衫、白色窄袖交领中单、蓝灰色褙子（女款）、白裤（应为开裆女款）、红履（女款），斜挎镶饰大背包，缀满了眼睛标识。右一人为杂剧中的打花鼓者，其着赤饰浑裹、灰褐缘小袖缺胯短衣、白色腰帕、白色腰裙、蓝灰缺胯中单、窄袖交领内衣、白裤、白履。

图 3-114（1）百戏典型服饰式样图绘

　　此处图绘内容为：束髻前倾垂裹巾、圆领窄袖缺胯过膝长衣（领口散开，衣摆提扎于腰）、软交领窄袖无袎短内衣、小口长裤缚裤、连底膝裤、圆头系带单梁履。其中的裹巾较具角色特色。主体色彩可有青灰、枣红、皂、白等色。

图 3-114（2）百戏典型服饰式样图绘

　　此为打拍板表演中的百戏艺人坐姿形象，其具体图绘内容为：簪花饰纹丫顶幞头、圆领锦饰缺胯小袖过膝长衣、交领窄袖内衣、彩饰腰裙、帛带、长裤缚裤、系带帛鞋、斜背包。主体色彩可有青灰、枣红、皂、白等。这是十分典型的民间艺人着装形象。

图 3-114（3） 百戏典型服饰式样佐证图一

此处佐证图为乐舞陶人（宋代，大观博物馆藏）中的歌舞杂戏艺人形象。左一人为持鼓逗乐的俳优舞者，着束髻前倾裹巾（敛巾）、圆领窄袖缺胯过膝长衣（领口散开外翻且衣摆提起扎腰）、长裤缚裤、膝裤、圆头履；中一人为打拍板者，着簪花丫顶幞头、圆领锦饰缺胯小袖过膝衣、彩纹腰裙、帛带、长裤缚裤、帛鞋，肩挎背包，应为坐姿陶俑。右一人为吹筚篥者，亦着花装丫顶幞头、锦绣肩帔、圆领缺胯小袖衣、彩纹腰裙、长裤、帛鞋，肩挎背包，也应为坐姿陶俑。

图 3-115（1）百戏典型服饰式样图绘

　　这里图绘再现的服饰式样也是百戏类典型，具体图绘内容为：后覆式结丸扎角皂色头巾、圆领中袖无衩过膝花纹长衫、小袖交领短中单、革带、宽口白裤、帛鞋。这是杂技艺人的典型形象，其主体色彩可有红褐、浅灰、皂、白等色。

图 3-115（2）百戏典型服饰式样图绘

这是一个着胡服作舞蹈状的艺人，其着装图绘内容为：垂长带卷檐虚帽（帽梁缝缀珠玉或金铃）、小口长袖圆领缺胯过膝长衫、交领无衩短中单、小口长裤、蹀躞带、高靿靴。主体色彩可有深紫、青绿、绯、驼黄、皂、白等色。

图 3-115（3）百戏典型服饰式样佐证图二

此处佐证图为《孝经图卷》(局部，北宋李公麟，美国纽约大都会艺术博物馆藏)。左一人着后覆式结丸扎角头巾、圆领中袖花纹单衫（领口微敞）、小袖交领中单、革带，下应着宽口白裤、帛鞋。中间舞者着垂四长带卷檐虚帽（帽梁缝缀珠玉或金铃）、小口长袖圆领长衫、蹀躞带、高靿靴，应着交领中单、白裤，是一种胡人舞蹈装束形象。唐代张祜作诗《观杨瑗柘枝》曰："促叠蛮鼍引柘枝，卷帘虚帽带交垂。紫罗衫宛蹲身处，红锦靴柔踏节时。微动翠蛾抛旧态，缓遮檀口唱新词。看看舞罢轻云起，却赴襄王梦里期。"这首诗的生动描写与该图形象相对应，可见该舞为柘枝舞，舞者应为女性，但其帽衫形象源自胡人男装，所以为女着男装，是当时流行于男女间的形象之一，也可作为男装化艺人典型。其余形象均非职业化着装，且不在本男装类研究之列。

图 3-116（1）百戏典型服饰式样图绘

　　此处再现的百戏人物服饰是滑稽舞蹈艺人着装，其具体图绘内容为：诨裹、圆领窄袖无衩饰中缝短衣（下摆扎于裤腰）、交领窄袖汗衫、小口长裤束口、赤足。

图 3-116（2）百戏典型服饰式样佐证图三

　　此处佐证图为百戏陶模（宋，大观博物馆藏）中的服饰形象：诨裹、圆领窄袖衣（下摆扎于裤内）、长裤束口、赤足。具有鲜明戏剧化的着装职业特征，应为滑稽舞蹈的典型服饰形象。

图 3-117（1）说唱人典型服饰式样图绘

　　这里再现了一种说唱人服饰式样，为宋代伎乐艺人着装典型，具体图绘内容为：高髻束木冠、前系结披风、交领中袖无衩过膝长衫、交领小袖窄中单、帛带、小口长裤、连底膝裤、单梁帛鞋。其主体色彩可有青灰、白等色。

图 3-117（2）说唱人典型服饰式样佐证图

　　此处佐证图为《清明上河图》（局部，北宋张择端，北京故宫博物院藏）中的一个说唱艺人形象，即人群中间黑髯茂密者，其长发束冠，着前结脚浅青灰色披风，另应着交领长衫、白裤、白鞋。

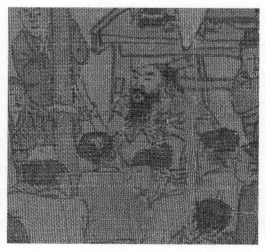

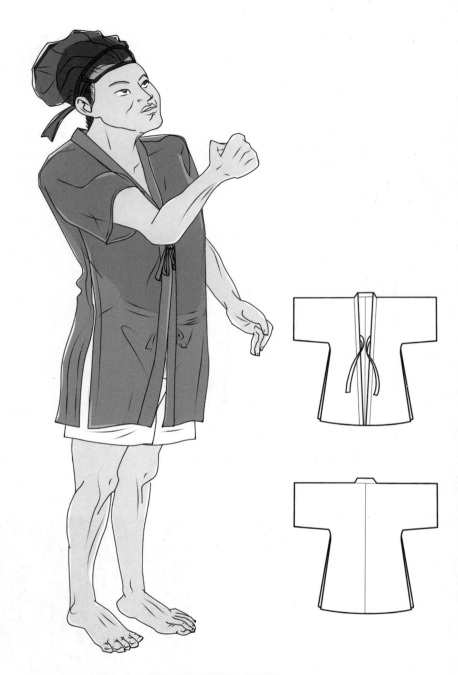

图 3-118（1）幻戏典型服饰式样图绘

PANTONE 19-0506TPX

PANTONE 16-1110TPX

PANTONE 11-0601TPX

　　幻戏是宋代魔术类杂技，属于百戏之一。此处再现的是骷髅幻戏中常有的服饰式样，具体图绘内容为：后覆式漆纱幞头、对襟半臂褐色纱衣（褙子形制之一）、白色宽口系带短裤、赤足，具有装饰性，是典型的表演装内容，特作彩绘。其中对襟半臂褐色纱衣是一种特色服饰，具有近代特征，具体结构见此处平面展开图。其主体色彩可有驼黄、褐、皂、白等色。

图 3-118（2）幻戏典型服饰式样佐证图

　　此处佐证图为《骷髅幻戏图》（南宋李嵩，北京故宫博物院藏）中的幻戏艺人服饰，即后覆式漆纱幞头、对襟半臂褐色纱衣、白色宽口短裤，腰间围裹备用紫灰色外衣（非典型表演装，图绘不予呈现）。该作品为风俗画作，表现的艺人服饰应是骷髅幻戏艺人的典型着装。其骷髅形象应为艺人以特殊技巧假扮，应为当时常见，如图 3-119。

图 3-119 骷髅幻戏形象佐证图

　　这是一个典型的骷髅幻戏形象佐证图（幻戏陶模，宋代，大观博物馆藏），其以骷髅面相示人，手持道具也呈现丰富而虚幻的技艺效果，体着小口长裤、膝裤、帛鞋。

PANTONE 19—0506TPX

PANTONE 11—0601TPX

图 3-120（1）民间相扑艺人典型服饰式样图绘

　　相扑是百戏之一种。其形象正如前述官方特征，此处图绘也基本类同，但作为民间形象其具体形制则与官方不同，即皂色后束髻裹巾、白色护裆肚带、白色连底膝裤、系带练鞋。相扑是民间影响甚广的百戏角色，百工代表性强，特作彩绘。

图 3-120（2）民间相扑艺人典型服饰式样佐证图

此处佐证图即相扑陶模（宋代，大观博物馆藏）中的形象。左：相扑艺人着后束髻裹巾、护裆肚带、膝裤、浅口鞋，应为民间形象典型。右：其中艺人着不定式头巾、护裆肚带、赤足，也是一种职业形象，但不典型。

本部分图绘再现艺人职业服饰不同式样共计 12 套，其中最具代表性式样共计有 3 套。

表 3-20 艺人职业服饰细节经典提纯

图别	图例	说明
首服		艺人首服具有装饰性、夸张性、职业标识性，其经典可有：高装巾、诨裹、结丸扎角巾、卷檐虚帽、高木冠、漆纱系带巾等。具体参见图 3-113（1）、图 3-113（2）、图 3-115（1）、图 3-115（2）、图 3-117（1）、图 3-118（1）。
上衣		其上衣戏剧性突出，经典内容有：标识性装饰（如眼睛图案）、腰间插扇、花纹衫、长袖（水袖般）衫、大批风、短袖透体纱褙子等，花色丰富。具体参见图 3-113（1）、图 3-113（2）、图 3-115（1）、图 3-115（2）、图 3-117（1）、图 3-118（1）。

图别	图例	说明
上衣		其上衣戏剧性突出，经典内容有：标识性装饰（如眼睛图案）、腰间插扇、花纹衫、长袖（水袖般）衫、大批风、短袖透体纱褙子等，花色丰富。具体参见图 3—113 (1)、图 3—113 (2)、图 3—115 (1)、图 3—115 (2)、图 3—117 (1)、图 3—118 (1)。
下装		下装经典主要有：装饰性背包、腰帕及其层叠方式、蹀躞带及其多样帛带、职业性犊鼻裈。具体参见图 3—113 (1)、图 3—113 (2)、图 3—115 (2)、图 3—120 (1)。
足衣		民间艺人的足衣因仅以实用为重而少有特别之处，其经典也如日常足衣：系带帛鞋（形态多样）、连底膝裤等。具体可参见所有图例足衣，可细察不同细节。

　　表 3-20 集中展示了北宋艺人职业服饰局部的经典细节，其虽因实际地位和平民职业特点而与北宋大多数平民职业服饰相近，却又能在装饰、配件、功能细节等方面凸显其鲜明特色，其标识性、戏剧性、实用性交叉呈现，较大程度上与官方艺人职业存有共性，为后世娱乐演艺行业职业服饰的发展奠定了基本的形制基础，如元代杂剧、马戏等都有浓厚的宋代特色。民间艺人职业服饰也有其成熟的系统构建可做参考认知，具体见表 3-21。

表 3-21 艺人代表性职业服饰谱系

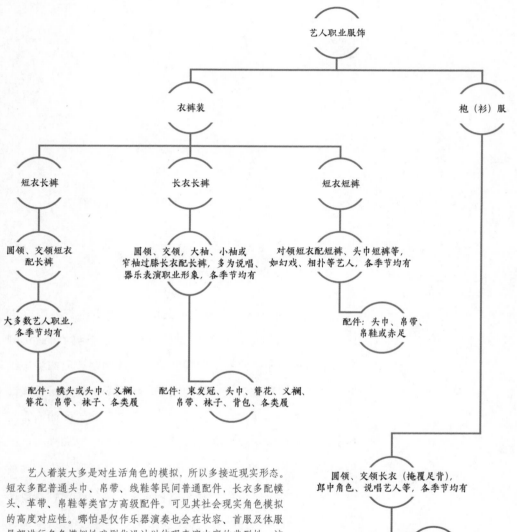

艺人着装大多是对生活角色的模拟，所以多接近现实形态。短衣多配普通头巾、帛带、线鞋等民间普通配件，长衣多配幞头、革带、帛鞋等类官方高级配件。可见其社会现实角色模拟的高度对应性。哪怕是仅作乐器演奏也会在妆容、首服及体服局部进行角色模拟性戏剧化设计以体现表演内容的典型性。该谱系中，短衣短裤包含衣裤类配套短衣，也包含首服配独立短裤、足衣等，这是艺人在完成表演任务的同时所必需的礼仪形象保持，与生活中的短衣短裤之随性状态本质不同。

艺人服饰在艺术性表达、模拟现实的同时，更典型体现了北宋的艺术思潮和艺术科技水平，展现了文化艺术的繁荣实际。

乞丐

　　北宋的职业化社会特征不只是在各类主流行业有突出体现，对乞丐群体也有所彰显，呈现出较鲜明的职业化倾向，其着装形象被政府做出规范要求，民间便有丐帮类组织按此做了具体管理设计，不同区域、不同级别丐帮所着服饰不同，发生乞讨行为、范围不同，纪律性较强。即如前文所述文献《东京梦华录》的记载："至于乞丐者，亦有规格。稍似懈怠，众所不容。"所以，在北宋社会已有规模化乞丐社团形成，出现了有组织、有层级、有规则、有纪律的乞讨活动。同时，也存有自由化、无组织的，被边缘化的乞丐角色，其服饰的职业特征便不够鲜明。各类乞丐服饰状况请见图 3-121~ 图 3-123。

图 3-121（1）乞丐典型服饰式样图绘

　　乞丐的具体服饰形象因其所在城市区域的具体社团而异，此处表达的形象并非职业乞丐（自由态、边缘化角色），但具有一定社会着装代表性，其具体图绘内容为：系带皂巾、圆领小袖缺胯短衣、交领小袖缺胯短中单、交领汗衫、褡裢（系扎腰间）、小口白裤（打补丁）、系带帛鞋。整体色彩为深褐、浅驼、皂、白等色。

图 3-121（2）
乞丐典型服饰式样图绘

　　这是一个职业乞丐服饰形象
（具有区域性特征），其图绘内容为：
圆领缺胯小袖短衣（偏袒左肩，与
僧人常见偏袒右臂的方式相对立，
或具有特殊标识性，左袖缠裹腰
间）、白色褠裆衫（前系带）、白色
小口长裤、系带线鞋。其主体色彩
可有深褐、白等色。

图 3-121（3）乞丐典型服饰式样佐证图一

　　此处佐证图即《清明上河图》（局部，北宋张择端，北京故宫博物院藏）中
的两个乞丐形象。左：其着皂巾、圆领小袖褐色短衣（下摆提扎腰带）、浅驼色
褠裆、白色中单、打补丁小口白裤、帛鞋，应是新沦为乞丐者，尚未实际入行，
但其形象也应被予以管制：补丁、褠裆、铺地的帛巾等。职业乞丐是通过一定
的过渡期培训而入行者。右：其为蓬头无巾的少年乞丐，着灰褐色圆领缺胯小
袖短衣（偏袒左肩，左袖缠裹腰间）、白色褠裆衫、白色小口长裤，下应为草鞋
或线鞋。其中的偏袒左肩式着装应为其丐帮的着装标识。与其同组织的成年乞
丐也应有无巾裹首方式。

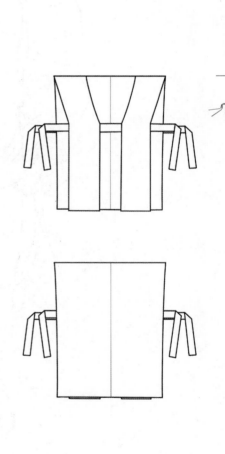

乞丐

图 3-122（1）乞丐典型服饰式样图绘

　　此处图绘再现的是乞丐的职业化形象，具体内容为：皂色系带敛巾、侧系带裲裆衫（前身缝带横连）、小口合裆长裤、帛带、赤足。这里的裲裆衫系带方式较有特色，是侧身系带而前胸以横带缝固，不同于多数前襟系带的方式，具体见此处平面结构图。其主体色彩即皂白二色，是最底层平民的色彩典型。

图 3-122（2）乞丐典型服饰式样图绘

　　这是北宋代表性乞丐的首领着装形象，因具有北宋京都平民职业代表性，此处特作彩绘。其具体内容为：皂色系带敛巾、白色圆领小袖缺胯短衣（肩头打补丁，衣领散开外翻，左袖破损且居中系结，前摆提扎于腰）、交领窄袖短中单、白色帛带、小口白裤、系带白履（打补丁）。

PANTONE 19—0506TPX

PANTONE 11—0601TPX

乞丐

图 3-122（3）乞丐典型服饰式样图绘

　　此处图绘再现的是半臂短衣乞丐，具体内容是：缁巾、圆领半臂缺胯短衣（肩头缝补丁，做补肩，领口散开）、交领短内衣、帛带、小口白裤、赤足。主体色彩常为皂白二色。

百工百衣 —— 风尚图绘再现 —— 乞丐

图 3-122（4）乞丐典型服饰式样佐证图二

　　此处佐证图即为开化寺壁画（局部，北宋郭发，山西高平）中的乞丐形象。画面居中偏右的一位乞丐，着系带皂色裹巾、白色裲裆衣，下应着白裤，着履或赤足，是该丐帮中地位偏低的一类层次形象，其巾裹与其他乞丐相类。处于画面左右边缘着皂巾者应为两位高级乞丐，其着系带皂色裹巾、圆领小袖短衣（肩头打补丁，衣领散开外翻，衣身有破损且居中系结）、帛带，下应着白裤、白履。另两位乞丐束缯巾，着肩背处拼补肩片的圆领半臂缺胯短衣（领口常为散开外翻状），下也应着白裤，常赤足。其中，肩头打补丁，衣身有破损且居中系结的方式应为其典型标识。

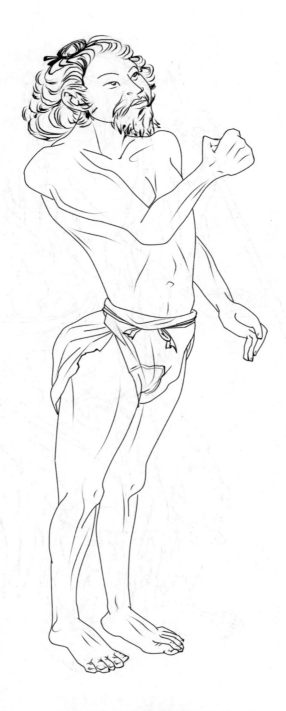

图 3-123（1）乞丐典型服饰式样图绘

乞丐服装因行业区域及其具体层级的差异存在而区别明显，此处为低级乞丐的一类着装图绘，具体内容为：蓬头扎带、犊鼻裈（残破并打补丁）、帛带、赤足。主体色彩仅为白色。

图 3-123（2）乞丐典型服饰式样图绘

　　此处是一类低级乞丐着装，其具体图绘内容为：前系结抹额、圆领小袖缺胯过膝长衣（领口散开，形制残破）、交领小袖无视短内衣（形制残破）、帛带、小口白裤（膝下和脚踝缚带）、布褡（打补丁）、赤足。整体色彩仅为白色。

图 3-123（3）乞丐典型服饰式样图绘

　　此亦为低级乞丐形象，其图绘内容为：前系结抹额、结带对领小袖至膝褙子、软交领窄袖无衩短内衣、小口白裤、帛带、系带练鞋。整体色彩也仅为白色。

图 3-123（4）乞丐典型服饰式样佐证图三

此处佐证图为南宋作品，但也能反映北宋末期基本特征。左：《白描道君像》（局部，南宋梁楷，上海博物馆藏）中的乞丐，其为蓬头，仅着犊鼻裈，赤身露体，应为挣扎于饥困边缘的乞丐，也是在丐帮内部被边缘化的乞丐类别。右：《五百罗汉图·布施贫饥》（局部，南宋周季常，美国波士顿艺术博物馆藏）中的乞丐，核心人物即画面中心的乞丐，其着白色抹额、破损严重的圆领小袖短衣、白色腰带、白裤、赤足，斜挎打补丁的布褡，腿部系扎白索（应为残留的缚裤系带）。画面最上方一人应为另一典型着装形象，其着白色抹额、白色结带对领小袖短衣（褡子），下应着与画面最下方一人着装相类，白裤、草鞋或练鞋。其余两位乞丐或为女性或不够完整典型，此处不做讨论。但此画面乞丐均携布褡或木杖等行业标识性物品，可互为参考佐证。其白色抹额、白衣作为平民中最低级着装元素更为职业化地标识了乞丐着装的一种规范。

表 3-22 集中展示了北宋乞丐职业服饰局部的经典细节，其虽为平民底层职业者，但也依据区域丐帮要求和层级差异之职业特点做了规范化着装，如异色补丁、残破边缘、衣衫不整、上下白衣、短衣露体、绳带系扎、实用配件等细节表达了突出的标识性、实用性特征。乞丐职业服饰系统的概念化凝练可参见表 3-23。

北宋乞丐作为传统意义上的贱民阶层，是最底层人群，其着装的规范化反映了北宋职业规范建设水平的极致。再者，其群体存在不只反映了社会贫富之不均，更从其职业化的着装反映了乞丐已成为一个职业化阶层，甚至已成为代表一定价值观的群体。他们以此为生，不一定贫穷，其存在则是社会势力的平衡与社会秩序的维护需求之所在，官方对该阶层的重视能够反映这一点。

表 3-22　乞丐服饰细节经典提纯

图别	图例	说明
首服	 	具有乞丐代表性的是蓬头束髻（束发带）、白色抹额。具体参见图 3—123（1）、图 3—123（2）。
上衣	 	其经典上衣细节是破洞横结、补丁缀缝。具体参见图 3—122（2）、图 3—123（2）。
下装	  	下装经典主要有：补丁半裤管、残破犊鼻裈、双带褴褛裤。具体参见图 3—122（2）、图 3—123（1）、图 3—123（2）。
足衣	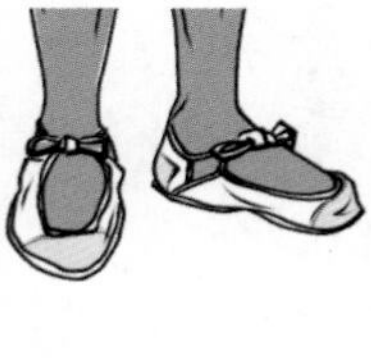 	多补丁白履、赤足等为经典内容。具体可参见图 3—122（2）、图 3—123（2）。

百工百衣

风尚图绘再现

乞丐

表 3-23 乞丐代表性职业服饰谱系

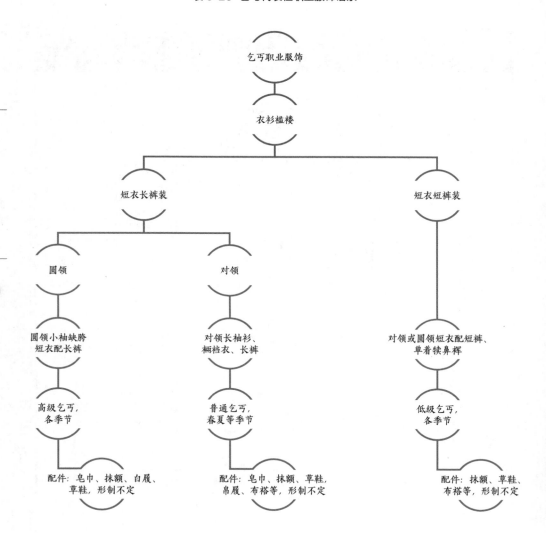

乞丐服装多源自其他平民职业，随之惯化为某丐帮地域性特色突出的形象，所以纵观北宋该群体服饰形制也可谓千姿百态。其核心形象为衣衫褴褛、补丁层叠、布褡随身。

罪人

北宋对罪人即罪犯的管理有较高水平的人文精神体现，如若士人、职官等犯死罪者不判于死刑，常以刺配充军的方式予以惩罚。有研究称："（宋代）劳役制下的生产者，包括长期服役或定期轮役的畦户、畦夫、铛户、井户、盐井夫、盐井役人，以及通州海岛盐场的配囚……"[1] 于是职业化犯人或罪人存留量甚大，所以对其管理就成为一个重要事项，其着装的标识化设计也必然深受重视。如《东京梦华录》记载："开封府大理寺排列罪人在楼前，罪人皆绯缝黄布衫，狱吏皆簪花鲜洁，闻鼓声，疏枷放去，各山呼谢恩讫。"[2] 可见罪人所着是有着特殊标识性内容的服饰，即绯红主色配局部黄色的两色短衫。《梦粱录》卷五还记载："至宣赦台前，通事舍人接赦宣读，大理寺、帅、漕两司等处，以见禁杖罪之囚

1　郭正忠：《论宋代食盐的生产体制》，《盐业史研究》，1986 年第 00 期，第 20 页。
2　[北宋] 孟元老：《东京梦华录：精装插图本》，北京：中国画报出版社，2013 年，第 214 页。

百
工
百
衣

风
尚
图
绘
再
现

罪
人

图 3-124（1）罪人典型服饰式样图绘

　　此图绘中的罪人着装形象是长裤散发装，具体内容为：散发、裸半身、异色裤腰小口宽腿裤、白色帛带、赤足。其主体色彩可有青绿、绯、白等色。

衣褐衣，荷花枷，以狱卒簪花，跪伏门下，传旨释放。"[1] 可见南宋罪人之服装是褐色短衣（此处褐衣应非平民之短褐，而是指其具体色彩）。由此均可判断罪人服装有特定形制，只是也因罪人类别及具体时代差异而多种多样（见图 3-124~ 图 3-126）。

1　上海师范大学古籍整理研究所编：《全宋笔记》第 8 编第 5 册，郑州：大象出版社，2017 年，第 137 页。

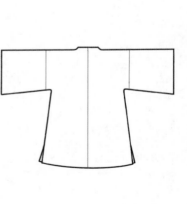

图 3-124（2）罪人典型服饰式样图绘

此处罪人着装相对完整，是常见代表性罪人形象，其具体图绘内容为：结发散尾、无领对襟小开衩过肘半臂、无缘宽松短裤、帛带、赤足。其中上衣的无缘形态可参考此处平面图理解。其主体色彩可有绯色、杏黄色、白色等。

图 3-124（3）罪人典型服饰式样佐证图一

此处佐证图左：《燃灯佛授记释迦文图》（局部，宋佚名，辽宁省博物馆藏）中的罪人，其上身半裸而散发，着灰绿腰绯色宽腿裤、白色帛带、赤足。其绯色宽裤大不同于该时代便着白裤的普通社会现实，应有其特殊含义之处。《周礼》司圜疏引云："画象者，上罪墨象、赭衣杂屦；中罪赭衣杂屦，下罪杂屦而已。"[1] 可见赭衣与草鞋是罪人的着装标识。赭即红褐色，是以红、黑两正色混合而成，其义即以火与水的交合力量达成对罪人的行为警示与心灵净化。有研究称，赭衣是一种红褐色的粗麻制筒衣。《荀子·正论》曰："杀，赭衣而不纯。"意即死罪的犯人要穿"没有领子、不镶边的红色囚服代替死刑。"[2] 可见赭衣的简陋（如佐证右图），在后世予以了沿袭[3]。秦简称罪人形象曰："衣赤衣，冒赤（氈），拘椟櫫杕之。"[4] 即秦代罪人着赤色囚衣，亦即赭衣。《奉天监狱档案》第 63 卷称光绪年间的罪人"仍着赭衣"[5]，说明赭衣沿袭甚久，那么对于重视沿袭旧制的宋代来说，其也应以赭衣为罪人主体服饰。而且可判断，赭衣因染色技术问题和各朝观念差异，色差现象普遍，难以轻松实现红褐色，或会以其他类别的赤色及近似色替代。所以，此处的绯色宽裤就可为罪人服饰，且应有其特殊寓意所在。右：《道子墨宝》（局部，南宋佚名，美国克利夫兰艺术博物馆藏）画面中两位被套索套于颈上的人物应为罪人，其着装为相类的制服形态，均为无领对襟开衩半臂、无缘宽松短裤、帛带之配套，赤足，与"赭衣而不纯"的描述相当，此应可基本表达北宋赭衣的另一种形制，即如前文《东京梦华录》所述的"绯缝黄布衫"配赤短裤。

1 ［汉］郑玄注，［唐］贾公彦疏，彭林整理：《周礼注疏》第 42 卷，上海：上海古籍出版社，2010 年，第 1394 页。

2 刘亚峰：《汉英颜色词语象征意义对比分析》，《沈阳建筑大学学报（社会科学版）》，2005 年第 7 卷第 2 期，第 103 页。

3 高亨，殷导忠：《中国古代囚衣制度研究》，《犯罪与改造研究》，2019 年第 10 期，第 79 页。

4 睡虎地秦墓竹简整理小组：《睡虎地秦墓竹简》，北京：文物出版社，1990 年，第 53 页。

5 贾洛川：《监狱服刑人员的符号演进与文明治监》，《河北法学》，2015 年第 33 卷第 5 期，第 58 页。

图 3-125（1）罪人典型服饰式样图绘

　　这里是重刑罪人形象，具体着装图绘是：结发散尾（束发带）、窄型犊鼻裈、帛带、赤足。其主体色彩为白色。

图 3-125（2）罪人典型服饰式样图绘

　　这也是重刑罪人形象，具体图绘内容是：结发散尾（束发带）、宽松型犊鼻裈、帛带、赤足。其主体色彩仅为白色。

图 3-125（3） 罪人典型服饰式样佐证图二

　　佐证图上：开化寺壁画（局部，北宋郭发，山西高平）中有两名罪人，其左侧的男性形象为本研究范畴，右侧的妇人赤裸上半身却未施色彩，应源于某种性别差异观念，均应为死刑者。男性罪人束髻，着白色窄型裆犊鼻裈、白色腰带，赤足，不同于前述着赤衣者，应是犯罪程度不同所致。下：《孝经图卷》（局部，北宋李公麟，美国大都会艺术博物馆藏）中的罪人，同样被荷装单长柄木枷、束髻，着宽型裆犊鼻裈，赤足。可见，犊鼻裈也为常见的北宋罪人着装。

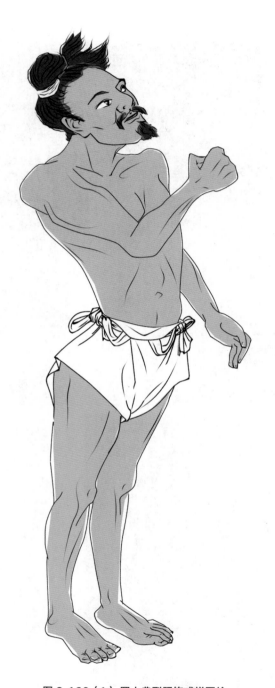

图 3-126（1）罪人典型服饰式样图绘

　　对于重刑罪人的犊鼻裈款式，细察之下会感受到多种形制。此处图绘再现的着装便是不同于前述形象的另一种，其细节较具时代代表性，特作彩绘，具体内容是：结发散尾（白束发带）、白色直角口犊鼻裈、白色帛带、赤足。其直角口短裈形态相较传统犊鼻裈前后衣片侧边交错开衩的结构有了较大差异，可体现宋代服饰的近世化特点。

图 3-126（2）罪人典型服饰式样佐证图三

此处佐证图均为南宋作品，借此可解其对北宋款式的沿袭与发展。上：《道子墨宝》（局部，南宋佚名，美国克利夫兰艺术博物馆藏）中的罪人，其被押解至衙堂并被剥去衣服，散发或束髻，单着直角犊鼻裈（基本呈三角形外形，与上述短裈相似具体则不同），腰间系扎短帛带，也应是面临死刑判决的罪人。下：《十王图》之一七日秦广大王（局部，南宋陆信忠，日本奈良国立博物馆藏）中戴木枷、着白色窄型裆直角裤口犊鼻裈的死罪罪人，此造型更具典型性，同时其可佐证前述北宋窄型犊鼻裈形制。其未被施用色粉绘制，应是对死刑犯的某种隐喻所在。可见南宋死刑罪人也常着犊鼻裈，且形制多样。

本部分图绘再现罪人职业服饰不同式样共计 5 套，其中最具代表性式样共计有 1 套。

表 3-24　罪人职业服饰细节经典提纯

图别	图例	说明
首服		罪人首服常极简，束发带或散发常见。具体参见图 3-124（1）、图 3-126（1）。
上衣		无领无缘短衣是普通罪人的典型上衣。具体参见图 3-124（2）。
下装		犊鼻裈的窄型、宽型结构，直角短裤的新型结构等是下装经典细节。具体参见图 3-125（1）、图 3-125（2）、图 3-126（1）。
足衣		罪人足部形象多赤足，少有足衣，但前朝记载有草鞋者。具体可参见本部分所有图证。

　　表 3-24 是对北宋罪人职业服饰局部经典细节的集中展示，其中的束发带、无缘短衣、短裤等均为极简形制，在局部表达了其群体的特色形态。如披头散发或仅着发带、短裤，这些是其政治权利被剥夺的标志，特别是无首服状态反映了首服元素对于政治身份维护的重要性。至于社会群体的所处层级，其着装无缘边、无首服以鲜明的形制标识显示了该职业的社会地位在乞丐之下的状态。对罪人职业服饰系统的进一步认知可参见表 3-25 的概念化阐释。

表 3-25 罪人代表性职业服饰谱系

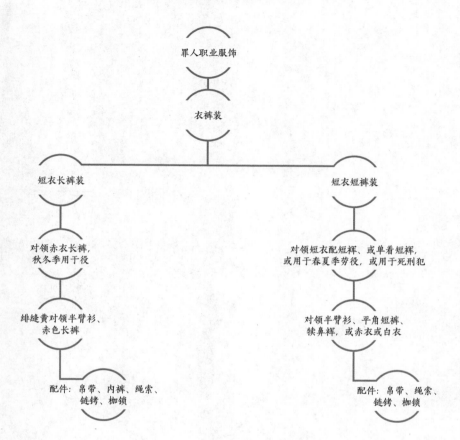

综上，北宋罪人之囚衣应有两种基本形制：赤色衣裤装（非死罪），白色犊鼻裈（死罪）。借此比较封建礼制范畴内的各类主流服饰，便能感受其负罪者服饰形态的狼狈不堪、残缺不全。其依据罪行逐级令人仪态尽失，甚或不如乞丐，深刻体现了专制社会对待罪人的非人观念与层级思想。

罪人服饰源自普通居家或平民内衣之基本型，一般为短衣类，象征着其礼制尊严的缺失。据犯罪程度其色彩可分为赤色、白色。其日常应为绯缝黄对领半臂衫与赤色长短裤的搭配，常在劳役所在地可见。其常见刑具如枷、锁、链、铐等经常随身，所以也是服饰形象构成的一部分。

风尚特色个案

北宋"百工百衣"不仅以不同行业、职业展现了其服饰风尚的万千风景，还在某些服饰部件中以共有形貌与特征内蕴了横贯不同职业形象的相似诉求，比如幞头、行縢、膝裤、缚裤等在士、农、工、商多类职业中均有出现，甚至形制一致。另外，有些职业则以个性化的局部服饰形象刻下了独有的历史印记，比如隐逸士人的搭肩袖、马夫的襻膊、兵卒的勒帛等。因其独特的时代文化承载，不管是共有服饰，还是独有服饰，其均为宋代服饰识别的关键要素依据。

共有典型服饰

　　宋人"百工百衣"风尚中的共有服饰极多，呈现了宋代服饰风格的塑就要素，也映射了其造物思想的一致性和着装价值观的趋同性。其中，幞头、巾帕、围肚、低帮鞋、有裆裤、行縢等在传世图像资料中的出现频度极高，无论是宋代风俗纪实，还是时人典故再现，均能有所呈表，可见其典型所在。

（一）巾裹与笠帽

　　"百工百衣"风尚的不同形象表达中，巾裹类首服最令人印象深刻，是宋人服饰中的典型要素。米芾的《画史》载："今则士人皆戴庶人花顶头巾，稍作幅巾、逍遥巾。"[1] 即北宋中后期士人与庶人一样多着头巾，变化多样。赵彦卫《云麓漫钞》记述："盖在国朝，帽而不巾，燕居虽披袄，亦帽，否则小冠。宣、政之间，人君始巾。在元祐间，独司马

---

[1] 徐吉军：《宋代风俗》，上海：上海文艺出版社，2018 年，第 83 页。

温公、伊川先生以孱弱恶风，始裁皂绸包首，当时只谓之温公帽、伊川帽，亦未有巾之名。至渡江方着紫衫，号为穿衫、尽巾，公卿皂隶下至闾阎贱夫皆一律矣。"[1] 可见官僚群体在北宋中期使用头巾但并未有巾之名，而晚期则应在帝王带领下多着巾并有了巾之名。这无疑推动了普遍用巾的风俗，各类冠、帽被大幅度替代，正如《清明上河图》之所表。

1、一般头巾

北宋中晚期，首服流行加速，头巾式样丰富。具体有两大类，其一为非固定造型的头巾（见表 4-1），即方巾，如幅巾、逍遥巾、纶巾、浩然巾、荷叶巾等；其二为固定造型的头巾（见表 4-2），即将幅巾折叠、缝制成固定形态，如仙桃巾、结带漆纱巾、东坡巾、程子巾、山谷巾等。

1　上海师范大学古籍整理研究所编：《全宋笔记》第 6 编第 4 册，郑州：大象出版社，2013 年，第 137—138 页。

表 4-1 非固定造型的头巾图绘比较

图别	图例	说明
士人		后覆式系带皂巾，也被称为偃巾，是宋代典型，多阶层戴用。
农夫		后卧式系带巾，具体形制与士人例图稍有差异。
工人		后覆式系带巾，形态更加随意。
商贩		后覆式系带巾，形态与上述职业有细微不同。
兵卒		系带巾，顶部造型较为松散平和，这与唐代有较大不同。
胥吏		系带巾。其可与前述职业共同例证宋代头巾造型的自由随意。

　　由以上多职业共同呈现的头巾式样可以总结，宋代头巾中除了延续唐及五代时定型类唐巾、束髻敛巾（束髻而裹头，头部内结构形态轮廓清晰）等之外还创造了独特的形制，如偃巾等堆叠、后覆、松软而虚置的顶部造型，彰显了宋人平和、内敛、自由的观念特征。

表 4-2 固定造型的头巾图绘比较

图别	图例	说明
士人		士人皂纱定型头巾即幞头，性质多样，此为宋代典型，多阶层戴用。
商贩		无脚软顶幞头、系带漆纱巾等各种固定形态头巾在商人群体多见，与其职业特征相适应。
兵卒		漆纱丫顶幞头、方顶交脚漆纱幞头等官方制式与唐代常有幞头式样差异显著。
胥吏		弧顶多瓣幞头、高后墙硬胎幞头等是宋代特征鲜明的头巾。
艺人		该群体因表演需要而式样丰富，具体可参见前文图例。

　　幞头、系带漆纱软顶巾等固定造型头巾多用于官方职业、士人职业、表演性职业及形象体面的商人职业等。农民、工人等职业也常有固定型头巾，但多类似上述其他职业，且无常态、不够典型而不做赘述。由此处图例可以看出宋代固定形态头巾的丰富性，是对唐及五代固定型头巾的继承与创新发展，为元、明等后世定型类头巾的发展奠定了基础。

2、笠帽

笠帽也是延续多代的平民首服，但是在宋代呈现了普及走势，特别是兵卒中的广泛应用（见图 4-1），应是其实用功效的魅力使然。

图 4-1 兵卒的笠帽戴用

兵卒笠帽式样丰富，特别其帽檐缘边与盔顶依据具体的岗位角色有着独特而富有寓意的设计。具体搭配可参见图 3-57（1）、图 3-60（2）、图 3-62（2）、图 3-63（2）中的相关图绘形象。

另外，民间职业如种植业农民、渔夫等也都有戴笠帽的习惯，这是此类首服的实用功能使然，不过这些在以往朝代都有存在。只是兵卒及低级将戴用的宽檐笠帽是宋代所特有，并延续至后世，可以看作是民间笠帽的发展与武备创新的结果（见图 4-2）。

图 4-2 兵卒与平民的笠帽形象比较

这是高平开化寺壁画中北宋兵卒与平民同一时期所着的一类笠帽形态，几乎一致，只是帽檐缘边因具体职业而有差异，说明了这种笠帽形态跨职业普遍存在的风尚实际。

（二）巾帕与围肚

宋代百姓普遍使用巾帛类服饰，飘逸潇洒的褶皱之美在全社会受到崇尚。

1、一般巾帕

一般巾帕是从前朝沿袭而来的服饰形态，但在宋代也有着鲜明的独特风貌，如士人、农民、职役、厨人、商贩多阶层所着的腰帕（见图 4-3）、帔巾（见图 4-4）、巾带（腰带）等。

图 4-3（1）腰帕形象比较

图 4-3（2）腰帕形象比较

腰帕是以小幅方巾系扎于腰间但不能完整裹覆身体的形态，方巾位置可前可后，穿用阶层十分广泛，但具体形态、系结方式、寓意大有不同。此处四图分别为士人、商人、胥吏（田官）、艺人所用腰帕，具体系结方式有系带、结角等。具体配套形象可参见图 3-10（3）、图 3-41（1）、图 3-92、图 3-112 之相关图绘。

图 4-4　帔巾形象比较

兵卒、胥吏、家仆等常用帔巾。此物不仅可表达层次之美和儒雅之气，还有一定的遮蔽、保暖等功效。其在男女着装中都有应用，前朝也有存在，但宋代风格稳定，特色突出。具体搭配参见图 3-62、图 3-98 之相关图绘。

2、围肚

围肚，也可有抱肚、裹肚、袍肚等称名，是兵卒、士人等多个阶层穿用的裹覆于腰腹的服饰品（见图 4-5），旨在保暖、养生及身份标识之功用，有着突出的宋代服饰典型性。

由此部分个案可见士人引领的儒雅之风在宋代普通庶人阶层也成主流风尚。

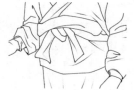

图 4-5　围肚形象比较

围肚常用于官方职业，官员与普通兵吏均有应用。此处展示的是兵卒、胥吏、官方竞技运动员（马球员）的围肚形态，基本方式相类，具体有差异。上左为围肚裹于捍腰之内，上右为单着外用，下也为内着方式，均与勒帛搭配。整体形象可参见图 3-49、图 3-92、图 3-107 之相关图绘。

（三）腰裙

腰裙相比腰帕围度大些，比围裳短小，通常可围裹交叠于腰部，是腰间围裹的短裙（见图 4-6），可由布帛、草叶、皮革等材质制作，在士、农、兵、吏、艺等多个阶层均有使用。

图 4-6（1）腰裙形象比较

图 4-6（2）腰裙形象比较

这是几种代表性腰裙形态，上下左至右分别是士人、兵卫、道人、艺人所着腰裙形象之局部，有外着，也有内用，材质丰富，形制各异，共同展示了宋代腰裙的风尚特征。具体可参见图 3-10、图 3-45、图 3-81、图 3-114 之相关图绘。

（四）肩片

这是上衣肩背部的一种特殊拼缝结构，类似今天男式衬衫的过肩或女裙臀围线上的育克，此处称为肩片（见图 4-7）。该上衣结构形态自前代便有，具有加固增厚和立体结构功能，在北宋中晚期大多数平民阶层的上衣中均有出现，呈现出流行态势，成为该朝代服装结构特征，并延续至后代。

图 4-7　肩片形象比较

肩片形象与大块补丁拼缝的形象相似，此可对照前文图 3-122（3）中的肩部大块补丁（补肩）做比较。但是，肩片是服装剪裁之初就有的结构分支，是后续穿着功能的强化部分，不同于后期附加的补丁方式。此处展示的图绘形象分别来自《炙艾图》中的村医、《柳荫群盲图》中的农夫、《道子墨宝》中的书吏，其肩片均无明线缉缝，均有中缝分割，形态大小有所差异，但功能相当。此部件北宋末年渐多，明代则自达官至平民各阶层均能使用。

（五）褡裢

可搭裹于肩部或腰部，肩部的也可称褡膊，这是男士出行时盛装钱物的便身服饰物件（见图 4-8），功能类同今天出行常用的随身背包、手袋等。

图 4-8　褡裢形象比较

褡裢在宋代社会背包或钱包不够普及的情况下发挥着重要的随身钱物装载功能，在社会多阶层应用广泛。这里展示的是僧人、胥吏、乞丐应用褡裢的形象，具体可参见图 3-79、图 3-98、图 3-121 之相关图绘。

（六）低帮鞋

唐代官民普遍穿靴，而宋代社会则普及低帮鞋，如庶民、兵卒、职役等阶层多着麻鞋、练鞋、草鞋等低帮鞋，且"无论贵贱、男女，平常都穿鞋"[1]。"圆领窄袖四襻衫、窄脚裤和麻鞋，是北方地区宋墓壁画侍役中常见的装束。"[2] 这既是价值观导向，也是法令限制的体现。统治阶级及其他阶层"对商周礼仪制度和文化的追认"成为宋代当朝重要的时代特征[3]，而低帮鞋是其标识。沈从文在分析河北宣化辽天庆六年（1116年）墓壁画中北宋乐人着装时也指出："脚下穿的唐式乌皮六缝靴也不是差吏所能穿，也非伶官所能备。"[4] 宋代大部分时期靴子应已被限制于权力阶层，即贵族品官可穿靴及鞋。

表 4-3 低帮鞋形象比较

图别	图例	说明
士人		士人在唐代多穿靴，宋代则以帛履为尚，另有线履穿用，总之低帮鞋多见。参见图 3-12、图 3-13。
兵卫		兵卫足衣与前朝相比，低帮鞋更多见，主要是系带帛履和线履。参见图 3-44、图 3-62。

1　中国文物学会专家委员会主编：《中国艺术史图典·服饰造型卷》，上海：上海辞书出版社，2016年，第142页。
2　杨琮，林玉芯：《闽赣宋墓壁画比较研究》，《南方文物》，1993年第4期，第75页。
3　邓昶，朱和平：《宋代仿古青铜器造型的设计学考察》，《南京艺术学院学报（美术与设计）》，2016年第5期，第73页。
4　沈从文：《中国古代服饰研究》，北京：商务印书馆，2011年，第527页。

图别	图例	说明
胥吏		胥吏在前朝一般会穿用乌靴，宋代则以低帮鞋为标准。参见图3—93、图3—95。
僧侣		僧人足衣以往多个朝代都是低帮鞋。到了宋代，低帮鞋形制更加多样。参见图3—74、图3—76。

从表4-3所示图例比较来看，低帮鞋的形制丰富。在宋代，低帮鞋已经成为一个时代符号，特别是官员们的足衣曾在相当长的时期内以低帮鞋为定制。而在整个宋代，胥吏穿用低帮鞋成为时代典型。低帮鞋，可以说是民族文化信仰的标识，也是中原汉人主动抵御胡服影响的行动标志。

（七）褙子

褙子，也称为背子，应是源于前代中单，而流行于宋代的服装，男女贵贱皆可穿，甚至是某些阶层的标识性服饰，如香铺裹香人顶帽披背。对此，《演繁露》阐释曰："今人服公裳，必衷以背子。背子者，状如单襦、裌袄，特其裾加长，直垂至足焉耳，其实古之中禅也。禅之字，或为单，皆音单也……中单之制，正如今人背子，而两腋有交带横束其上。今世之慕古者，两腋各垂双带，以准禅之带，即本此也。"[1] 再借相关图证可知，其制多为小口长袖，腋下两侧开高衩，衣长不一，士人则可至脚面，可有直领、交领或圆领等领型。官吏类男子多作公服之衬衣穿用，也因其形制简便而可用于闲适类生活用装。总之，褙子在市井多见（见图4-9），大多数职业都可穿用，是一种普适性服式。

---

1 上海师范大学古籍整理研究所编：《全宋笔记》第4编第8册，郑州：大象出版社，2008年，第183页。

图 4-9　褙子形象比较

　　此处展示的着褙子形象来自宋代儒生、儒师、商人、医生，分别在长短、衣领或衣襟形态、结带方式、穿着层次等方面有所差异，可见褙子式样的丰富性。具体可参见图 3—10、图 3—15、图 3—42、图 3—86 中的相关佐证图。

（八）有裆裤

中国古代大多是开裆裤主宰下半身的着装形貌，而到了宋代则成为小口有裆裤的天下（其结构形态可参见图4-10~图4-12），特别是在工人、农民、商人、职役等阶层中十分多见，与士人、官员及部分胥吏等所着宽松开裆裤形成对比，所以小口"裤"与大口"袴"有了鲜明的、对应名词的视觉表达。

图4-11 有裆裤的一类结构再现

图4-12 有裆裤的佐证图

有裆裤在宋代以前也可见，但真正的普及则是在宋及其后。左为五代赵干的《江行初雪图》局部，右为北宋燕文贵的《大江图》局部。

图4-10 有裆裤形象示例

此处关于有裆裤的图绘分别为兵卫、车夫、乞丐等职业，均为小口长裤。上排两图为《清明上河图》中的职业形象线描图，下图为高平市开化寺壁画中一个乞丐的着裤形象（局部放大图）。有些大口裤也是有裆结构，如图3—83（3）所示。具体地，下图即图4-11展示了有裆裤的平面结构之一（裤腿有拼接，体现了一种布料节约方式）。

（九）短裤

随着裤子结构设计与剪裁技术水平的提升与应用发展，宋代也出现了独具特色的直口或齐膝小口短裤（见图4-13），这与以往大多朝代流行的犊鼻裤之较单一短裤形态形成比较，成为时代进步的一大标识。

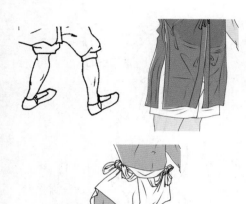

图 4-13　短裤形象比较

　　此处的短裤类图绘分别为束口齐膝短裤、平口膝上短裤、斜直口短裤三类。上排左图为《清明上河图》中十千脚店门前的搬运工着短裤形象，上排右图及下图分别可参见图 3—118、图 3—126 中的解读。

（十）提卷摆

　　宋代士、农、工、商等平民阶层及一般品官着装多有将下摆一角提起系扎或将衣摆卷裹于腰带的便身处置方式，这是一种源于前代而普及于宋朝的着装范式（见图 4-14）。虽然其着装方式看似不够优雅，但在工作效率的提高上却有着十分显著的作用，预示了后期短衣时代的到来。

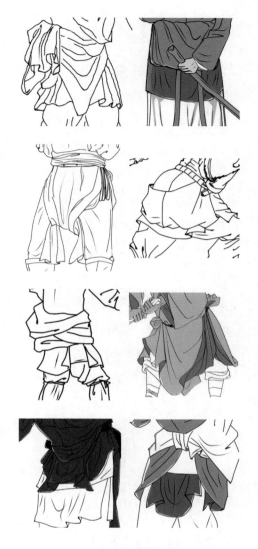

图 4-14　提卷摆形象比较

　　提卷摆形象是提摆、卷摆穿着形象的合称。这里展示的提卷摆方式各不相同，可出现于大多数平民阶层，多为体力劳动参与的岗位或职业者。上左一为《货郎行路图》（北宋佚名）中的着装方式，其他的局部图例具体可参见图 3—44、图 3—46、图 3—63、图 3—69、图 3—72、图 3—95、图 3—113 之相关图绘形象，于整体造型中加以理解。

（十一）襻膊

襻膊是宋代马夫、厨人、茶工等劳动者阶层用来归拢衣袖以方便劳作的服饰工具（见图 4-15）。南宋洪巽所撰《旸谷漫录》记述："厨娘更围袄围裙，银索攀膊，掉臂而入，据坐胡床，徐起切抹批爭，惯熟条理，真有运斤成风之势。"[1] 沈从文在其著作《中国古代服饰研究》中解读《百马图》时说："二铡草人衣袖都用绳索缚定挂于颈项间，把袖子高高搂起，实宋代发明，专名宜属'襻膊儿'。"[2] 可见襻膊的应用广泛。不过，"襻膊儿"应是对制作销售该用具的职业者的称谓，而"襻膊"才是对这种用具的称名。

图 4-15（2）襻膊形象图绘

襻膊应用图像较少，这里的线描实例分别来自《百马图》（北宋佚名）中的马夫、《撵茶图轴》（南宋刘松年）中的茶工之局部形象，是各类职业中较为典型的应用图绘。从图例细节可明确其应用方式，这在长袖通行的古代具有突出的便捷性。

（十二）勒帛

在宋代兵卒、士人、工匠等阶层广泛存在着一种长带型实用服饰，即勒帛（见图 4-16）。其具有一定实用性，也具有礼仪性，《宋史》有朝廷将其作为给赐之礼仪性服饰品颁发给官员的记载[3]。这种服饰在现代文章中有被误称为襻膊（即如某些网络博文的错称）的现象，实为系束、固定宽大衣袖、衣领的帛带（勒帛）。

图 4-15（1）襻膊形象图绘

1　上海师范大学古籍整理研究所编：《全宋笔记》第 10 编第 12 册，郑州：大象出版社，2018 年，第 127 页。
2　沈从文：《中国古代服饰研究》，北京：商务印书馆，2011 年，第 527 页。
3　[元]脱脱：《宋史》第 153 卷《舆服五》，北京：中华书局，1977 年，第 3571 页。

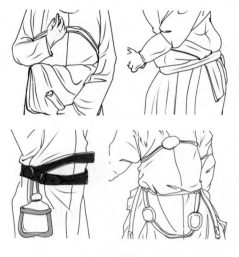

图 4-16　勒帛形象图绘

勒帛常见于公服，此处分别展示了兵卫与官方杂剧艺人着勒帛的形象图绘。上排左图为系结于胸前、固定围肚的勒帛，上排右图为束缚于胸部、固定胸甲的勒帛，下图为在背后系扎宽袖的勒帛，其整体搭配可参见图 3—49、图 3—62、图 3—103 之相关图绘形象。

图 4-17　看带、束带形象图绘

此处展示了着公服和民间服饰的看带、束带形象图绘。上下左至右分别为兵卫公服之看带、束带（束带裹藏于衣摆之下），杂剧艺人公服之看带、束带，马夫公服之看带、束带，货郎民间着装之看带、束带（具有对公服看带、束带的模拟特色，以装饰性表达为中心），具体可参见图 3—44、图 3—103、图 3—110、图 3—38。

（十三）看带、束带

看带、束带是配套使用的服饰品，常为宋代公服的构成要件，官员、胥吏、兵卒等都可能使用，极具国朝服饰的时代特色（见图 4-17）。《东京梦华录》记载："御龙直一脚指天一脚圈曲幞头，着红方胜锦袄子，看带束带。"[1] 还记载百戏演员也着有看带[2]，可见该类配饰应用阶层之广泛。看带

又称为义带，是束缚于胸前、具有礼仪内涵的革带，而束带则是扎于腰间、兼具实用性和礼仪性的革带，红色多见。

1　[北宋]孟元老：《东京梦华录》，邓之诚注，北京：中华书局，1982 年，第 170 页。
2　[北宋]孟元老：《东京梦华录》，邓之诚注，北京：中华书局，1982 年，第 194 页。

独有典型服饰

共有典型服饰使"百工百衣"风尚具有了统一的形貌风格与文化基调，而百工之不同职业所独有的典型服饰则令其面貌丰富、百花齐放，为其各不相同的职业形象的最终形成发挥了重要价值。

（一）大袖襕衫

襕衫是士人及官员常用服饰形制，其至宋代已由前代小袖长衫演化为大袖（即较大尺寸的袖口，包含广袖、大袖、中袖）宽衫（见图 4-18~ 图 4-19），其同色缘、皂缘异色的配色形态并存，而皂缘、下加横襕则为宋式襕衫的典型特征。

图 4-18　襴衫形象图绘

这是以士人为核心的襴衫穿着形象图绘（均自前文士人图绘再现图例），体现了宋代独特的衣装气质。左图为交领皂缘襴衫，中图为圆领皂缘襴衫，是士大夫与儒师常有衣着。右图则是儒生常有衣着形象，为白襴，无皂缘。大袖形态的襴衫是宋代区别于以往朝代的重点。

图 4-19　其他襴衫形象图绘

若加襴之衫均可称之为襴衫，则形制还有多种，所涉及职业也可扩大。此处所列是杂剧艺人所模拟公服之大袖襴衫、道人所着道服之大袖加襴氅衣，均能体现宋代襴衫之特有风尚，还可从细节中体味其结构工艺之妙。此处举证均自前文杂剧胥吏、道人之着装图绘再现图例。

（二）搭肩袖

搭肩袖是隐逸之士所独有的一种前卫着装形制，是袍衫（交领大袖上衣）的大袖之上另制有小袖的奇特服制（见图4-20），在当时应可属于官方所称"服妖"的范畴。

图 4-20　搭肩袖形象图绘

这是宋画所表现的陶渊明常有形象，其所着上衣为广袖交领皂缘短衣，而广袖之肩头另搭有皂缘小袖一枚，基本不具备实用价值，但却具潇洒的意蕴之美，似乎暗含穿着者的某种超然心态和讥讽现实的成分。这种形象多见于宋代及之后的元、明、清逭隐士人绘画作品，而此前极为少见，应为宋代始发的特有隐士着装形象。其平面结构图可参见图3-17之相关图绘。

（三）捍腰

兵卒常用一种由后腰围裹于前身的服饰品，常以织锦、绫罗制作，具有宋代服饰的标识性特征。同时，内宫侍役也时有应用，总之是宋代官方兵卫常配服饰品（见图4-21），体现了宋代儒学思维下的军事制服设计观念。

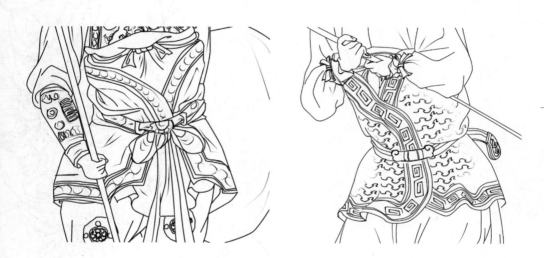

图4-21 捍腰形象图绘比较

捍腰的应用一般是出于防止兵器与衣服间剐蹭的目的，也有装饰、象征等用途，自宋代多见且延续至后代。其形态丰富多样，有大有小，前身转角有圆有方或呈现多式样不规则花形，侧面或有开衩，扎用方式也不尽相同，大大丰富了军人、职役等着装的形态，在视觉意蕴上体现了宋代重视军队内涵建设，崇尚韬光养晦、文雅治军的基本思想。此处局部图例分别自图3-62、图3-107之相关图绘。

（四）半臂对襟短衫

半臂对襟短衫是半臂的衍生品，是衣身短至腰部的对襟短袖衫，门襟系带，在兵卒中广泛存在，其常将战甲穿于内，显示了宋代兵甲较为含蓄、内敛的气质特征（见图4-22）。可能是因为背部有刺绣而成的兵种岗位所属标识而被称为绣衫。但也有厢军、乡兵等兵卒着短袖衫而无刺绣纹饰的情况。

图 4-22 半臂衫形象图绘

　　半臂短衫的穿用形象在北宋画作中并不多见，此为依据南宋作品《搜山图》（南宋佚名，北京故宫博物院藏）中兵卒的着装形象进行的图绘再现，是一种无刺绣的对襟半臂短衫，但其形制表达也较为典型，代表了兵卒衣着的宋代特征。

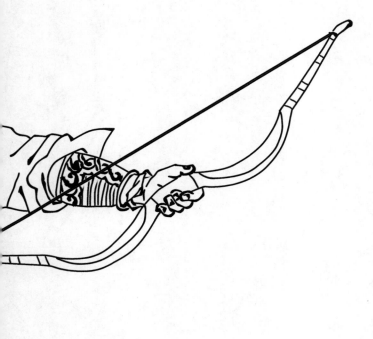

　　宋代一些职业所独有的服饰是一种特色突出、人情味十足的风尚存在，其独有也只是在宋代的独有，其中不少服饰因魅力所在而于后代都发生了跨阶层的扩散传播，比如襕衫造型在明代发生较大变化且进入商人等其他阶层，有些服饰要素还成为女装中的经典元素。

职业服饰风尚谱系

北宋男服"百工百衣"职业服饰风尚的构建有着较为复杂的内容和架构，涉及阶层极多，可达一百二十行[1]，由此至南宋，则可如《繁胜录》所述："京都有四百四十行。"同时每行每类职业所着服式又非常多样。所以要识辨其全部，依目前所掌握的实证材料确实难以实现。所以，本研究以风尚谱系之代表性职业内容列表与典型图例展示的方式予以了提纯、呈展，以方便学界或其他读者能够直观而简要地理解。

---

1 ［宋］佚名：《新刊大宋宣和遗事》，上海：古典文学出版社，1954年，第65页。

风尚谱系构建

　　借前期图绘再现的各职业服饰式样可见，北宋男服"百工百衣"风尚有着十分丰富、多样的形态内核。其虽然衣式各异，但在统一的平和素雅之审美格调建构下却又能美美与共、和而不同，这是一个朝代在此时空下统一的价值追求和思想共识达成的结果。这个共识就是"天人合一"，其内涵博大精深，所涉范围极广，反映于"百工百衣"风尚，即各职业着装的形象各异，是对自然规律的得当呈现，就是说万事万物能和平相处是遵守了某种乾坤秩序而达成的，这也凸显了这个官民有别、层次清晰、秩序井然的职业形制系统的科学性、合理性。最终，它又呈现为一种和而不同且淡然平和、质朴素雅的审美格调，更是"天人合一"的思想使然。这也归功于善于民族教化的北宋政府，即其思政工作成效之所在。众所周知，中国社会进入北宋，为了巩固来之不易的政权，当朝"杯酒释兵权"令文官掌握大权，并展开了"洗脑"运动，围绕儒学并"援释引道"，实施了大范围大时空的思想辩论，促进儒学升级为具有哲学特征的新儒学，即当时的宋学，其中的思想核心就是"人随天道"，亦即"天人合一"[1]。这场大辩论及其最终的思想结晶对诸武将的内心世界以及广大臣民的灵魂深处均发挥了独到的安抚与再统治功效。就此，统治阶级更重视道家"以人为本"的务实管理思想，哲学思辨的氛围日益浓厚，理性思维特征遍及国朝，这自然也使得民众着装倾向于实用逻辑，"便身利事"的要求日益凸显。这样一来，以往的着装格局很快被打破，如长衫不适合劳作即作抛弃，色彩太鲜艳不够适合新的社会环境即作变更，长衣提摆扎腰、襻膊、勒帛时而登场等，务实之革新层出不穷。这些也反映了在思辨大潮下的宋人思想之自由与务实，继而构建了极为复杂的、"典、序、蕴、便"[2]（典即典雅、典庄，序即礼序，蕴即意蕴、内涵，便即便身、方便）特征鲜明的"百工百衣"风尚系统。

总之，北宋男服"百工百衣"之风尚是务实主义思想和新儒学价值观念共同作用的结果。为了更加直观、系统地认识该风尚系统，本研究以谱系形态对其进行了尝试性呈现，即如表 5-1 所示。

1　刘淑丽：《北宋男服"百工百衣"生成探赜》，《服装设计师》，2020 年第 Z1 期，第 165—167 页。

2　赵联赏：《服饰智道》，北京：中国社会出版社，2012 年，第 13 页。

表 5-1 即"百工百衣"职业服饰风尚谱系之构建,其为本研究所涉及代表性职业服饰之凝练,并力图说明其构建思想背景、造物价值观并展现体系特征,使人简明扼要地予以理解与认知。其中,每个职业所及服饰品类繁多,不能俱全,所列仅为其典型类别。该谱系是对前文所及职业分支服饰谱系典型的再提炼和全行业服饰宏观体系层面的再构建,两者彼此呼应,详简互补,尝试以多视角、多层次的立体形态呈展"百工百衣"风尚体系。

"百工百衣"风尚的形成带动了消费情景的优化,使消费者感受到了生活中的官方尊重,促进了官民共享的幸福感,使从业者获得了归属感与认同力,也高质量实现了管理效益,增强了行业凝聚力,提升了北宋经济社会的秩序性、和谐性与系统性。基于此价值存在,有必要进一步梳理、提纯"百工百衣"风尚谱系之构建,从而也进一步探明"三教合一"哲学化思想是其形成的理论背景,"天人合一"是其中的重要价值观,深刻指导了当时流行中服饰人文精神的形成。由此,"便身利事"的造物设计学得以派生,致其百工服式因具体职业岗位差异而呈现为"衣裤装"和"袍衫"二式,但其典型造型特征则是融合于"典、序、蕴、便"具体要求的"短衣简型"(短装为主体,结构造型简约实用)。

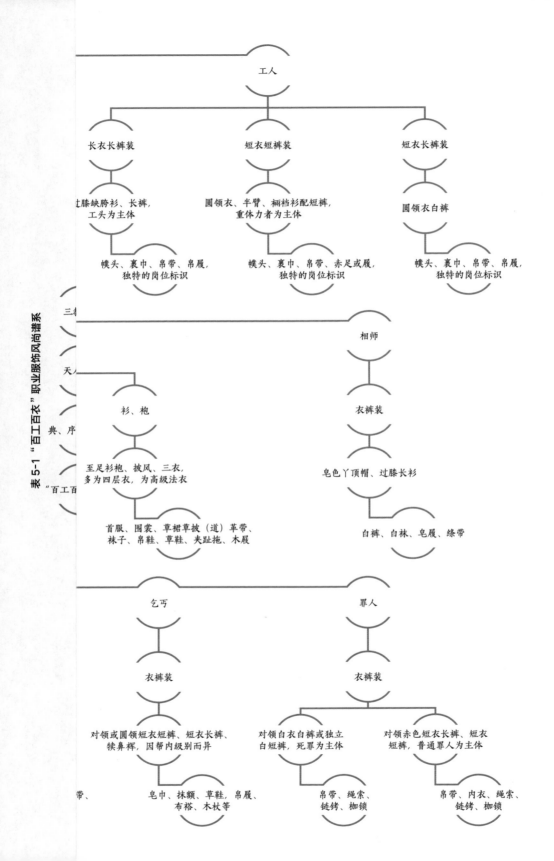

表 5-1 "百工百衣"职业服饰风尚谱系

工人

长衣长裤装　　　　短衣短裤装　　　　短衣长裤装

过膝缺胯衫、长裤，　　圆领衣、半臂、裲裆衫配短裤，　　圆领衣白裤
工头为主体　　　　重体力者为主体

幞头、裹巾、帛带、帛履，　　幞头、裹巾、帛带、赤足或履，　　幞头、裹巾、帛带、帛履，
独特的岗位标识　　　　独特的岗位标识　　　　独特的岗位标识

三教

相师

天人

衫、袍　　　　　　　　　衣裤装

至足衫袍、披风、三衣，　　　　皂色丫顶帽、过膝长衫
多为四层衣，为高级法衣

典、序

首服、围裳、草裙草披（道）革带、　　　　白裤、白袜、皂履、绦带
袜子、帛鞋、草鞋、夹趾拖、木屐

"百工百

乞丐　　　　　　　　　罪人

衣裤装　　　　　　　　　衣裤装

对领或圆领短衣短裤、短衣长裤、　　对领白衣白裤或独立　　对领赤色短衣长裤、短衣
犊鼻裈，因帮内级别而异　　　　白短裤，死罪为主体　　短裤，普通罪人为主体

带、　　　皂巾、抹额、草鞋，帛履、　　帛带、绳索、　　帛带、内衣、绳索、
布褡、木杖等　　　　链铐、枷锁　　　链铐、枷锁

风尚之典型服式图谱

　　"百工百衣"职业服饰风尚谱系是一个抽象化、概念化的系统展示，难以形象、有效地解读其艺术文化体系。所以，此处依据职业形象特征将前期各职业最具代表性的式样图绘再作独立置放以简要解读，提升艺术与文化元素融合表达的视觉体系，凝练典型服式图谱（图5-1），可借此直观认识"百工百衣"代表性衣制，理解其风尚构建。

图 5-1 "百工百衣"职业服饰风尚典型服式图谱

白襕、交领长褙子、圆领缺胯衫为士人衣着式样主流

农民

农民服式多样，着装自由，质朴随性

工人

百工百衣　职业服饰风尚谱系　风尚之典型服式图谱

工人服式职业特色突出，实用质朴，短衣而多样

百工百衣 ｜ 职业服饰风尚谱系 ｜ 风尚之典型服式图谱

商人

长衫短褐均用于商人，而职业内容特色突出的衣裤装为主流

兵卒

方顶幞头缺胯长衫衣裤装、笠帽勒帛衣裤装是兵卒之核心形象

僧人

无缝口且配色独特的海青袈裟套装、皂缘短衫等形制是此时期僧装重要代表

百工百衣 ——— 职业服饰风尚谱系 ——— 风尚之典型服式图谱

道人

披风、白衫是宋代道家标准着装，而草衣是其自然、潇洒观念之代表

相师

皂色丫顶幞头、圆领缺胯皂衣、绦带是
宋代相师的标准着装

医生

皂衣是医生常备着装，衣式洒脱、文雅

胥吏

皂色丫顶幞头或无脚软顶幞头搭配皂色圆领衣裤装是胥吏典型，其他各色圆领缺胯衣配裤履形制也是多岗位常备

艺人

民间艺人服饰以戏剧性、装饰化且具有角色标识性的局部细节为其独特所在

乞丐

乞丐服饰以残破、补丁且帮派标识明确为特征，衣式不定

罪人

罪人服饰以简陋极致为特征，常有独立短裈、无缘衫裤（短裤）等

经上述图谱所示代表性形象的横向比较，可见同一时期着装式样的差异所在：衣身或长或短、或宽或窄，衫袍、衣裤装存有的比重大小，服饰配套形态的完整与否，服饰局部的工艺、技术性处理特征，色彩格调的倾向及丰富与否，材质应用的礼仪性、实用性占比等，这些基本能明确着装群体的服饰艺术特色及其整体或局部细节展现的鲜明文化差异。

本研究所做各职业不同典型服饰式样图绘再现共计 269 种，而此图谱则对其中最具代表性职业形象做了进一步提炼。由此图谱所示，幞头、头巾、腰裙、手甲、缚裤带、膝裤、勒帛、帔巾等巾帛类制品应用十分普遍，可见百工巾帛功用发挥之极致。其衣衫普遍短窄，特别是其部件实用功能至上，这是北宋百工不同以往的进步之处，为后世的进一步近世化发展奠定了十分重要的基础。这也是北宋工商业繁荣的结果，是北宋观念对巾帛的文雅、实用之功能认识形成的结果。另外，百工服饰的各有等差也非绝对之"等差"，而是相对等差。有的职业如农民、闲散人力等不一定有严格、明确的着装规制，而是在某些方面被赋予禁令或禁忌，比如色彩、材质，而这些受限之处可能会与其他平民阶层一致，这就使得其着装形象难有专属固定形象。而极具"百工百衣"代表性的则是工商业，如香铺人"顶帽披背"，质库掌事"皂衫角带"等。同样，对于多类职业服饰间的类似性，只能认为是其基本形态的类似，而以同一时空条件下的视角进行比对时，会发现局部细节或搭配方式会因具体职业、岗位的差异而明显不同，比如衫袍的基本形制相类，但其袖口大小形态、内衣领口的考究程度、材料表面的细节设计、腰带材质或系扎方式、腰裙类配件佩带、鞋履材质及款式形态等都会有明显区别，所以"百工百衣"是处于统一时代格调下的不同工作角色服饰在局部细节上展现的千姿百态。

　　纵观"百工百衣"风尚谱系列表与其典型服式图谱，从中梳理可见，其中的着装哲学思想是统一的，彼此间的衣装形态关联及观念影响痕迹明显。虽处不同阶层，文人影响却能遍及各群体，文雅始终，风格一体，所以"百工百衣"风尚的体系感十分鲜明。

　　总之，"百工百衣"绽放了中华平民世界的全职业形象风采，展示了中华衣冠的全盛时代风貌，以超乎以往的平民视角深刻解读了此时期统治阶级的审美观、治理观及别具一格的人文精神。

后记

怀着非常复杂的心情将这部作品之终稿呈现于此，算是5年来我们《北宋男服"百工百衣"式样图绘及其构建思想研究》（2018年度国家社科基金艺术学一般项目，立项编号：18BG112）课题组不懈努力的一个结晶。

5年以来，经验不足的我们曾经轻视了这项研究的难度，认为按照原有研究计划和思路从既成的前人成果中摘取代表性内容予以图绘提炼即可，所以在开题之初就带领所指导的相关专业研究生、本科生对曾经深信不疑的著作和文献资料进行了长时间的盲目跟从或模仿，产出了为数不少的看似还不错的阶段性成果。随后，核心成员相继开赴山西高平开化寺、高平博物馆、国家博物馆、故宫博物院、河南博物院、开封博物馆、江西省博物馆、四川博物院、成都博物馆及一些地方的文物考古研究机构等分别进行了壁画、馆藏文物、相关出土资料的实证研究，还购买了大量传世图像复制品及文物复制品予以佐证，特别是针对《宋史》《宋会要辑稿》《东京梦华录》《清明上河图》《闸口盘车图》等经典原著或传世纪实性绘画原作进行了较为深入的研究，获得了第一手研究资料。此时，随着后期研究发现的积累，前期研究认识发生转变，大量已有成果被推翻重来。而且，在一次次的深入研究中，遭遇了越来越多的难题和越来越深刻的问题，这令课题组核心成员陷入了更长时间的困顿。因结项时间的日益临近，大家不得不开启了早出晚归、披星戴月，甚至时不时就要连续多个通宵的研究征程。

最终，总算是"功夫不负有心人"，虽经历了不少弯路，但一些研究难题终被逐步化解，更有了大量的新发现。特别是随着图绘研究方法的应用展开，直观感性和文本理性的双重结合研究不能解决的问题，诸如款式结构形态、套穿方式、衣片细节、局部与整体之比例、图案具体形态、材质性状、工艺方式、具体风格构成、穿用功效评估等，通过文化学、艺术学、社会学等层面的深度研究而被化解。通过研究，令人更有感触的是，平民职业服饰之丰富性不亚于上流阶层，甚至更加博大、多样。有条件的平民常以僭越穿用来再现官方贵族服饰的高级与不俗，普通条件的则延续了平民阶层服饰的前代经典并不断有新的创造呈现。同时，还发现立体和平面的服饰结构与技术均能广泛存在于平民，这对我们已有的中华传统服饰技艺惯用平面化、直线化剪裁之一般性认知形成挑战。基于此，平民服饰似乎有着更为突出的研究价值。

就以上成果，回过头来审视，会发现一些与之相关的近现代文学及影视作品的描述、再现，存在不实之处颇多。当然文学艺术作品不必过于较真，但也不可以过于违背实际，在遵循客观实际的基础上依然可以创造符合时代需要的优秀作品，这也是国家广播电视总局对历史性影视作品提出"服化道"相关红线规定的原因。很期待这部图绘再现作品能够在此方面发挥应有的佐证作用。至此，成果前景日渐明朗，但同时也出现了一些直至目前终难有解的难题，比如质库掌事究竟穿用怎样制式的皂衫、角带，裹香人究竟是什么款式帽子等还不能借实证资料予以详细明确。

对于这部作品，虽说遗憾尚存，但课题组依然努力保障其内容呈现值得推敲的价值信息，这不论是对北宋经济社会形态与文化艺术水平的当代理解，还是对当今职业服饰研发及相关民族文化的传承、发展，都有着一定的积极意义。可以讲，"百工百衣"是一个极为复杂的服饰文化系统，是一个极为立体丰实的社会镜像，不是我们课题组的当前研究项目所能予以绝对透彻研究的。

综上，这部作品虽已诞生，但因其中的各种研究波折与难题之存续，课题组依然满怀不能释然的纠结心情。特别是整个过程受到了不少业内专家、学者的指点，受到了单位领导、同事、学生的大力支持与帮助，受到了家人亲朋的大力支持，甚至并肩作战而无怨无悔。在此，我们代表课题组表示诚挚的谢意！但课题成果依然难免瑕疵，终而深怀愧意，望广大专家学者品鉴，再研究。

研究征途漫漫，我辈尚需更努力！

黄智高　刘淑丽

于河南郑州

2023 年 5 月 14 日